国家重点研发计划资助（2017YFC0804105）
国家自然科学基金资助（41974088）

矿山导水通道综合地球物理精细探测

Fine Detection of Coal Mine Water-conducting Channel with Comprehensive Geophysical Methods

程久龙　彭苏萍　林婷婷　温来福　李　飞　王　鹏　著

科学出版社

北　京

内 容 简 介

本书详细阐述矿山导水通道主要地球物理探测技术，全面分析断层、陷落柱和采空区等导水通道的地球物理场响应特征，系统地介绍全方位、多方法和多场信息融合的导水通道精细探测技术方法，包括地-空电磁法、瞬变电磁法与地震联合反演、可控源音频大地电磁法与地震联合反演、多场多属性信息融合、核磁共振法与瞬变电磁法联合反演以及地面-钻孔地球物理方法等。最后，介绍综合地球物理技术精细探测矿山导水通道的工程应用，为矿井水害防治、煤矿智能化建设和安全生产提供可靠的地质保障。

本书可供高等院校、科研院所、矿山企业和地球物理勘查单位以及从事矿山水害防治的工程技术人员和在校学生参考使用。

图书在版编目（CIP）数据

矿山导水通道综合地球物理精细探测=Fine Detection of Coal Mine Water-conducting Channel with Comprehensive Geophysical Methods/程久龙等著. —北京：科学出版社，2023.12
ISBN 978-7-03-077422-4

Ⅰ. ①矿… Ⅱ. ①程… Ⅲ. ①矿井突水-地球物理勘探 Ⅳ. ①TD742

中国国家版本馆 CIP 数据核字（2023）第 247253 号

责任编辑：吴凡洁 罗 娟 / 责任校对：王萌萌
责任印制：师艳茹 / 封面设计：赫 健

科 学 出 版 社 出版
北京东黄城根北街 16 号
邮政编码：100717
http://www.sciencep.com
北京中科印刷有限公司印刷
科学出版社发行 各地新华书店经销
*
2023 年 12 月第 一 版 开本：787×1092 1/16
2023 年 12 月第一次印刷 印张：13 3/4
字数：326 000
定价：150.00 元
（如有印装质量问题，我社负责调换）

前言

煤炭是我国支柱性能源之一，其安全高效开采是保证国民经济健康稳定发展的关键。长期以来，矿井水害是制约我国煤矿安全开采的主要灾害之一。据统计，矿井水害事故90%以上与地质因素有关，导水通道(岩溶陷落柱、断层、采空区及老窑井巷等)是其中的主要影响因素，因此水害发生前后对导水通道的快速探查与精确定位至关重要。根据《煤矿防治水细则》要求，煤矿防治水工作应当坚持"预测预报、有疑必探、先探后掘、先治后采"的原则，采取探、防、堵、疏、排、截、监等综合防治措施，可以认为"探"在煤矿防治水工作中处于首要地位并起先导作用。近年来，随着煤矿开采深度和强度的增加，地质条件越来越复杂，水压和地应力不断增大，矿井水害问题日益突出，矿井安全生产对导水通道精细探测的要求越来越高。

由于导水通道的复杂性和常规地球物理方法的局限性，导水通道的精细探测和快速定位尚难以实现。众所周知，导水通道在类型、深度、尺度和含水性等方面情况复杂，造成导水通道地球物理场响应特征的复杂性，给精细探测带来困难，特别是对于大深度、小尺度的导水通道，地球物理场响应弱，更加难以识别。导水通道精细探测的另一方面困难来自常规地球物理方法的局限性。常规地球物理方法的局限性是多方面的：一是常规方法往往难以适应复杂的地形地质条件，针对这一问题，近年来发展了地-空电磁法，能够适应复杂地形地质条件，且工作效率高、探测成本低，有效提高了复杂地形地质条件下导水通道的精细探测能力；二是任何单一地球物理方法探测导水通道均存在不足，如地震勘探空间分辨率高，但难以判断岩层富水性，电(磁)法对富水性敏感，但空间分辨率偏低。然而，精细探测要求既要对导水通道位置进行精确定位，又要对导水通道富水性进行准确判断，因此两种或两种以上地球物理方法的综合探测，已经成为导水通道探测的必要手段。但是，常规的综合探测通常只是对多种方法各自处理成果的综合解释，并没有从本质上解决探测结果的多解性，对探测精度和分辨率的提高作用有限。而作为地球物理领域的研究热点，联合反演得到快速发展和应用。联合反演是通过在反演中应用多种地球物理观测资料反演得到同一地下地质-地球物理模型，进行优势互补，可以减少反演的多解性，提高探测精度和分辨率。因此，联合反演是实现导水通道精细探测最有效的方法之一。此外，应用于多源数据处理的信息融合技术，可以有效消除数据信息中的不确定因素，提高探测精度，所以基于多场信息融合的导水通道精细定位方法也是一种非常有效果和有前景的方法。常规地球物理方法的局限性还表现在对大深度、小尺度导水通道的探测能力不足。联合反演和信息融合技术虽然有助于提高对大深度、小尺度导水通道的探测能力，但是当地质异常体的地球物理场响应极弱时，任何数据处理方法在理论上都很难得到较好的效果。为了解决这一问题，可以在钻孔中进行地球物理观测，从而更加接近目标体，获得更强的地球物理场响应，因此发展地面-钻孔地球物理方法是实现大深度、小尺度导水通道精细探测的必要手段。

针对导水通道的复杂性和传统地球物理方法的局限性，本书建立了空-地-孔三位一体综合地球物理导水通道精细探测体系，提出全方位、多方法、多场融合的导水通道精细探测技术方法，实现对大深度、小尺度、复杂地质条件下不同类型导水通道的精细定位。本书共 7 章。第 1 章综述导水通道地球物理探测的研究现状和发展趋势，并简要介绍常规地球物理探测方法；第 2 章建立典型导水通道的地质-地球物理模型，通过数值模拟分析导水通道地震波场、瞬变电磁场、可控源音频大地电磁场、音频大地电磁场和钻孔瞬变电磁场响应特征；第 3 章介绍时频融合和多频多源发射地-空电磁法数据采集、处理和成像方法；第 4 章介绍导水通道地球物理多场联合反演方法，包括瞬变电磁法与地震联合反演、可控源音频大地电磁法与地震联合反演、瞬变电磁法与可控源音频大地电磁法联合反演以及核磁共振法与瞬变电磁法联合反演等方法；第 5 章介绍基于多场信息融合的导水通道精细识别方法；第 6 章介绍导水通道的地面-钻孔地球物理精细探测技术，包括地面-钻孔瞬变电磁法和地面-钻孔地震勘探技术；第 7 章介绍综合地球物理精细探测的工程应用。

全书撰写分工：第 1 章以程久龙和黄琪嵩为主要撰写人员；第 2 章以温来福、杨思通、李飞、王辉和姜国庆为主要撰写人员；第 3 章以林婷婷为主要撰写人员；第 4 章以程久龙、温来福、李飞、董毅和林婷婷为主要撰写人员；第 5 章由程久龙和董倩芸撰写；第 6 章由王鹏、胡明顺和潘冬明撰写；第 7 章以程久龙、董毅、温来福和薛俊杰为主要撰写人员。全书由彭苏萍和程久龙统稿和定稿。

本书得到国家重点研发计划课题"导水通道综合精细定位技术与装备"（2017YFC0804105）和国家自然科学基金"超前探查钻孔瞬变电磁法扫描探测的波场特征与成像方法研究"（41974088）的资助，是课题组的集体研究成果。课题组成员，包括参与的研究生，为本书成果的研究做了大量工作，受篇幅限制没有一一列出，谨在此表示衷心感谢。

本书在撰写过程中，得到袁亮院士、武强院士、王双明院士、林君院士、中煤科工集团西安研究院有限公司董书宁研究员、长安大学李貅教授、国家能源投资集团有限责任公司张光德教授级高级工程师和刘生优教授级高级工程师等专家的指导和帮助；工程应用中，得到国家能源集团宁夏煤业有限责任公司及所属的麦垛山煤矿和红柳煤矿、国家能源集团神东煤炭集团及所属哈拉沟煤矿、神华亿利能源有限责任公司黄玉川煤矿、国家能源集团乌海能源有限责任公司、国能蒙西煤化工股份有限公司棋盘井煤矿等单位的大力支持和协助，在此深表谢意！

本书历经多次修改完善，力求把最新研究成果科学、准确地分享给读者，但受撰写人员水平的限制，书中难免存在疏漏和不妥之处，敬请专家和读者批评指正。

程久龙

2023 年 10 月 10 日于北京

目 录

第1章

绪　　论

1.1　概　　述

煤炭是我国支柱性能源之一,在今后相当长的一段时间内,也将是我国的主要能源。煤炭资源安全高效开采是我国能源保障体系建设中的重中之重,对保证国民经济健康稳定发展具有十分重要的意义。然而,矿井水害长期以来一直都是威胁煤矿生产的重大安全隐患之一,给国家和人民带来的经济损失和人身伤亡极为惨重,严重影响煤矿的安全高效开采。

近些年来,煤矿防治水工作坚持"预测预报、有疑必探、先探后掘、先治后采"的原则,但随着煤炭开采深度和开采强度的增加,突水事故仍时有发生,严重威胁矿井安全。我国煤矿山地质条件复杂,井下采掘空间周围的断层、岩溶陷落柱(简称陷落柱)、采空区及裂隙带等隐蔽地质体是水害事故突发的直接原因。据统计,煤矿水灾事故中有90%以上与地质因素有关,而导水通道(断层、陷落柱、采空区、裂隙带、老窑井巷及封闭不良钻孔等)是其主要的直接影响因素。因此,导水通道的快速探查与精确定位是矿井突水灾害防治的关键,对灾前水害防治和灾后实施精准堵水都具有重要的指导意义。

大量煤矿水害事故的发生使我们认识到,先进、可靠的地质保障工作是煤矿安全高效生产的基础。而煤矿地质保障工作是以地质量化为先导,以地球物理勘探和钻探等综合技术为手段,为煤矿开采的各个阶段提供可靠的地质保障。要实现煤矿水害的准确预测预报,最重要的是系统而明确地掌握影响矿井安全生产的导水通道因素(类型、尺寸以及位置范围等)、充水水源和充水强度等,查清其对不同矿井煤炭开采的影响程度,准确迅速地预测评价,为煤炭生产提供可靠的地质依据。由此可见,矿井导水通道的探查是我国煤炭安全高效开采地质保障系统和应急救援系统的重要组成部分,为煤矿安全高效生产提供"更准、更细、更全面以及更及时"的地质保障,对促进我国煤炭工业的可持续发展十分重要。

事实上,导水通道的复杂性、探查技术的局限性和方法的针对性不强等,导致导水通道探查的精度不高,目前导水通道的快速精确定位尚难以实现,严重影响开采前水害防治、灾后精确堵水方案的制定和实施以及抢险救灾和灾后治理。在研究导水通道的地球物理场响应特征以及导水通道地球物理探测技术的基础上,研究全方位、多方法、多场信息融合的导水通道精细探测新技术方法,提出了地-空电磁法精细探测技术、多场联合反演的精细解释技术、多场信息融合的精细定位技术以及地面-钻孔地球物理精细探查技术等，解决不同类型导水通道的综合高效探查问题，实现矿山导水通道的综合地球物理精细定位，为矿井水害防治、抢险救灾和精准堵水提供可靠的技术保障。

1.2 国内外研究现状及发展趋势

1.2.1 导水通道探测国内外研究现状

矿井导水通道的探测一直是煤矿安全高效生产地质保障的研究热点和难点，国内外专家学者在利用地球物理勘探技术查明导水通道的分布范围及其富水情况方面开展了大量的研究工作，发展了多种方法（Wen et al.,2019a）。

1. 地震类方法探测

国外地面地震方法探测方面，Breitzke 等（1987）利用三分量地震勘探和电法勘探对匈牙利米什科尔茨附近的 Lyukobanya 煤矿隐伏断层进行了准确的探测。Kusumo 等（2013）采用井间地震反射波法准确查明了印度尼西亚某煤矿两钻孔间的断层信息。Hamdani 等（2013）在加里曼丹东北部某盆地煤层气勘探过程中，利用地震勘探数据准确识别出了煤层附近的断层。von Ketelhodt 等（2019）采用叠后去噪技术对博茨瓦纳卡拉哈里-卡鲁盆地的地震数据进行重新处理，并通过测井约束得到该地区地下 500m 深度范围内的煤层以及断层信息。Galibert 等（2013）探讨了地震识别浅层岩溶的有效性，总结出可以通过地震波场振幅衰减识别流体的机制。Mahajan（2018）通过对杜恩河谷二维剪切波波速与钻孔资料的对比分析，有效识别出洞穴、岩溶等地下通道。

国内地面地震方法探测方面，彭苏萍（2020）总结分析了我国煤矿安全高效开采地质保障系统研究现状及展望，指出 20 世纪 90 年代中后期，随着煤矿采区高分辨三维地震勘探技术体系的建立和完善，煤矿精细地质构造、煤与瓦斯突出、矿井突水通道等灾害隐患的探测精度和预测准确度大大提高，促进了我国煤矿安全高效矿井的迅速发展。杜文凤等（2006）和李冬等（2017）利用地震属性技术，对煤层裂隙和小断层进行了精细识别。孙振宇等（2017）构建了基于支持向量机算法的断层自动识别方法，可以有效地提高小断层解释的准确率，降低人为主观因素的影响。杜文凤等（2015）针对研究区不同年份采集的三维地震资料进行了连片叠前时间偏移处理，采用全三维层位追踪和地震多属性断层识别，获得了研究区主要煤层构造形态和断裂构造分布。侯晓志（2016）采用二维地震勘探，对榆神矿区某煤矿的隐伏断层以及断层位置进行了探测。杨茂林等（2021）和李金刚等（2021）利用三维地震勘探分别查明了补连塔煤矿五盘区和布尔台煤矿四盘区内落差大于 5m 的断层。戴世鑫等（2022）以贵州六盘水煤田为例，从地震波运动学和动力学的角度出发对不同落差的小断层进行识别研究。Li 等（2019）在分析五种机器学习方法原理的基础上，开展了陷落柱和断层模型的识别对比试验，最后发现随机森林算法抗干扰能力最强，并且不会出现过度拟合现象，最后利用该方法准确识别了陕西某煤矿的小断层。彭苏萍等（2008）提出了复杂地质条件下的煤田三维地震综合解释技术，利用地震属性中的运动学和动力学特征探测出煤系地层中的陷落柱。程建远等(2008)开展了陷落柱三维地震处理效果与对比研究，发现三维地震探测成果较好地控制了陷落柱的空间形态，但是鉴于陷落柱空间形态和充填物质的复杂性，在陷落柱边界控制、陷落柱发育规模控制上的精度还有待提高。陶文朋等(2008)根据相干性、方差体切片提取的地震属性相似性，解释是否存在断层及陷落柱。白瑜(2016)分析了煤层隐伏陷落柱的多种地震属性响应特征，较好地识别出陷落柱异常体。Li 等(2017)在研究岩溶陷落柱破坏规律的过程中，采用三维地震圈定了陷落柱的位置和形状。徐佩芬等(2009)采用微动技术探测煤矿工作面陷落柱，对比单点反演 S 波速度和微动视 S 波速度剖面，证明微动技术可以准确圈定陷落柱位置，具有无须人工源激发、施工方法灵活等优势。王俊茹等(2002)采用人工地震法探测了采空区岩层塌陷，并指出利用这种探测手段对采空区塌陷破碎带的探测效果主要由所选野外工作参数来决定。陈相府等(2005)研究了采空区地震波的传播特征，分析了数据采集、处理和解释方法，探讨了浅震在采空区勘探中的有效性。Cheng 等(2007)通过分析三维地震勘探资料，得到了采空区范围和采动裂隙发育高度等信息。潘冬明等(2010)利用三维地震技术研究了采空区、支撑压力区、采动影响带的地震波场响应特征，划分了采空区范围、采动裂隙发育高度和采动影响范围。卫红学等(2014)利用采空区的地震时间剖面特征，有效地解释了某煤矿采空区的位置。郝治国等(2012)在利用三维地震勘探圈定煤矿采空区分布范围的基础上，采用地面电法勘探确定了采空区的富水性，并在井下使用瞬变电磁法对采空积水区进行精细探测。此外，程建远等(2019a)将三维地震资料地质动态解释等应用于矿井地质透明化，提出了煤炭智能精准开采工作面地质模型梯级构建及其关键技术。

在矿井地震方法探测方面，Yancey 等(2005)分析了槽波地震的响应特征并利用槽波地震数据准确圈定出煤矿采空区。Ge 等(2008)对美国一座井下开采的煤矿进行了槽波地震有效性试验，成功地探测出一个距工作面 46m 的采空区。在国内，彭苏萍等(2002)将地震层析成像(computerized tomography，CT)技术应用于综放工作面的构造及结构面探测，综放工作面内隐伏断层探测结果与实际比较吻合，工作面内煤层增厚区及裂隙发育区也有显现。张平松等(2004)在多个工作面采用孔-巷地震波 CT 探测技术对煤层上覆岩层的破坏进行探测，证明该方法可以有效地对覆岩破坏裂隙进行探测。刘盛东等(2006)利用矿井震波超前探测技术(mine seismic prediction，MSP)，采用巷道多次覆盖观测系统采集地震数据，通过二维滤波、τ-p 变换和叠前绕射偏移成像等数据处理方法，可以进行巷道前方地质构造的预测。梁庆华等(2009)利用矿井多波多分量地震进行超前探测，能够较准确地探测到掘进前方 100m 内断层、围岩裂隙以及岩石破碎带情况。杨真(2009)介绍了槽波在薄煤层采空区边界探查中的应用，并对其探测范围和精度进行了较全面的分析。李俊堂等(2018)利用多次覆盖和多方位观测的槽波地震探测工作面内发育的陷落柱，对成像结果进行解释，圈定了陷落柱边界位置。

2. 电(磁)类方法探测

在直流电法探测导水通道方面，Deceuster 等(2006)采用井间电阻率层析成像法对公共建筑物下方地质情况进行探测，成功识别出风化带和岩溶发育带。Metwaly 和 Alfouzan(2013)对沙特阿拉伯东部岩溶发育区进行电阻率法探测，确定了浅层风化带延伸及下方的岩溶空洞位置。Park 等(2013)采用电阻率层析成像探测韩国喀斯特发育区域的地下洞穴情况，对不同装置形式的层析成像结果进行了分析。Bharti 等(2016)利用高密度电法不同装置的观测数据实现了印度某煤矿采空区的电阻率层析成像探测。Das(2016)利用数值模拟研究了多种装置对应的地下采空区的电阻率响应特征。Majzoub 等(2018)采用二维电阻率层析成像探查地下管道附近的空洞及裂缝带。在国内，祁民等(2006)采用高密度电阻率法预测地下复杂采空区的空间分布特征。Liu 等(2011)在废弃老窑井巷探测过程中，利用高密度电法与其他方法对比，总结了高密度电法的适用范围。杨镜明(2012)利用三维高密度电阻率法对煤矿采空区进行了成像探测。吴超凡等(2013)建立了采空区积水边界与直流电法视电阻率之间的关系，对圈定矿井采空区积水范围具有一定的参考价值。刘国勇等(2019)利用高密度电法对煤矿积水采空区进行探查，为矿井水害防治提供了依据。

在电磁法探测导水通道方面，Reninger 等(2014)采用航空时域电磁成像研究巴黎盆地上白垩纪岩溶层的溶洞发育情况。李帝铨等(2008)采用可控源音频大地电磁法探测浅部断层发育位置，为后续地表的建设规划提供参考。曹辉等(2006)利用高频电磁测深法探测隧道下方的岩溶空洞、断层等地质构造，圈定了地下断层的位置和分布情况。李凯和孙怀凤(2018)采用三维有限差分法进行煤层顶底板陷落柱的地-井瞬变电磁法数值模拟，得到了全空间条件下不同尺度的陷落柱电磁响应特征。袁伟等(2016)采用音频大地电磁法对陷落柱的分布进行探测，解释结果得到了钻孔验证。Wen 等(2019b)在利用可控源音频大地电磁法探查煤田陷落柱时，采用人工蜂群反演算法提高了陷落柱的探测精度。王军等(2008)采用大地电磁频谱测量法对柳林矿区某煤矿陷落柱进行探测，显示出该方法具有较好的应用前景。Xue 等(2011)利用时间域电磁法(瞬变电磁法)(time domain electromagnetic method，TEM)对云南省某煤矿地下采空区进行探测，取得了良好效果。Xue 等(2013)将基于全空间理论的等效平面法应用于煤矿老空水的瞬变电磁探测数据处理，并通过协庄煤矿两个矿井老空水的现场探测试验证明了该方法的可行性。覃庆炎(2014)在分析典型积水采空区瞬变电磁响应特征的基础上，准确圈定了桑树坪煤矿采空积水区的位置。韩自强等(2015)在山西某煤矿采空区探测过程中，采用全空视电阻率方法，消除了矩形大定源回线的边界效应，提高了浅部采空区的探测精度。Su 等(2016)根据煤矿的地质条件，开展了采空区的钻孔瞬变电磁法数值模拟，为该方法有效识别采空区奠定了理论基础。Chen 等(2015)和卢云飞等(2017)分别利用电性短偏移距瞬变电磁法成功对华北等地煤矿采空区和采空积水区进行探测，取得了良好效果。Qin 等(2009)在甚低频电磁法探测采空区方面开展了研究，对比了不同充填物的采空区观测曲线的差异，并以此作为识别采空区的典型特征和依据。程建远等(2008)针对不同类型的采空区，提出了采空区快速探测的最佳方法组合，提高了采空区综合探测精度。此外，王鹏(2017)通过研究煤矿隐蔽水源致灾体的地-井瞬变电磁法响应特征，利用二次场的三分量空间指向性和浮动系数空间交汇等算法，实现了基于地-井瞬变电磁法的异常体三维空间定位。

在地质雷达(或探地雷达)探测导水通道方面，Singh 等(2013)利用时域有限差分法模拟了雷达剖面记录，发现该方法非常适用于含有地下空洞的复杂地质情况。Harkat 等 (2016)提出在时间-频率域内对探测空洞的信号进行分析。Pueyo Anchuela 等 (2009)、Conejo-Martín 等 (2015)和 Thitimakorn 等 (2016)分别结合具体工程实例，探讨了地质雷达探测地下采空区和地下空洞的应用效果。在国内，程久龙等(2004)在分析煤矿采空区地球物理特征及探测主要技术难点的基础上，采用地质雷达对地下浅层采空区进行探测并取得了较好效果。闫长斌和徐国元(2005)利用地质雷达和瑞利波探测技术，进行了甘肃省白银厂坝铅锌矿群采空区的分布情况探查，基本查明了浅层群采空区的层位、分布、范围和贯通关系。刘敦文等(2005)通过室内试验研究了不同充填介质的采空区在地质雷达探测结果中表现的特征和差异，并将其应用到实际采空区充填物状态探测中，取得了较好的效果。程久龙等(2010)对矿区强电磁干扰条件下的采空区地质雷达精细探测进行研究，提出了压制强电磁干扰的数据采集、处理和解释方法。

在矿井电(磁)方法探测导水通道方面，韩德品等(1997)将直流电透视技术运用到矿井工作面顶、底板隐伏突水构造探测，在多个工作面进行了探测试验，效果显著。程久龙等(2000)对巷道掘进中电阻率法超前探测原理与应用进行了分析与评价。岳建华等(2003)提出了利用不同方位巷道三极直流电测深法的陷落柱位置及富水性探测技术，工程实例表明陷落柱的探测结果与实际揭露吻合良好。程久龙等(2008)利用电阻率透视成像进行工作面底板突水探测物理模拟，实验结果验证了方法的有效性。于景邨等(2007)对层状介质瞬变电磁法时间-深度换算进行了研究，通过物理模拟与井下试验研究了巷道底板铁轨和金属支架等干扰的响应特征，提出了相应的校正方法。刘志新等(2007)、姜志海(2008)、杨海燕等(2010)分别进行了矿井瞬变电磁法全空间三维正演计算，对多匝小回线间自互感，全空间效应，发射功率、发射磁矩、关断时间与发射线圈匝数的变化关系，关断时间、接收信号与接收线圈匝数的变化关系等问题进行了系统研究，推导了全空间晚期和全区视电阻率公式，研究了全空间视电阻率解释方法。郭纯等(2006)采用瞬变电磁法同轴偶极装置进行巷道超前探测，通过连续跟踪超前探测试验，较有效地预测了掘进工作面前方水害隐患。Chang 等(2017)利用时域有限差分法对掘进前方的隐伏陷落柱进行了全空间瞬变电磁场数值模拟研究，得到了陷落柱的电磁场响应特征。

3. 其他地球物理方法探测

Bishop 等(1997)利用三个煤矿探测实例，说明了微重力是探测和圈定地下采空区和陷落柱的一种非常有效的探测手段。Styles 等(2005)利用微重力技术在喀斯特地区对地下岩溶空洞的特征进行了分析。Martínez-Moreno 等(2015)以西班牙西南部洞穴探测为例，提出了利用多项式拟合法来获取地下空洞剩余重力异常的方法。在国内，王延涛和潘瑞林(2012)利用重力勘探对采空区和采空围岩变形区进行圈定，并利用测井资料进行验证。张旭等(2015)利用重力勘探对采空区进行探测，采用小子域滤波法对重力异常分离后，利用边界识别和聚焦反演方法圈定了采空区的分布范围，地质效果较好。

杨建军等(2008)和刘敦旺等(2009)分析了活性炭测氡法探测采空区的理论依据，并开展了工程应用，结果表明利用测氡法探测煤矿采空区是可行的。余传涛等(2010)利用室内土槽试验，探讨了不同类型断层的氡气异常特征。张东升等(2016)围绕氡气的运移机理和氡气探测的工程应用，分析了覆岩采动裂隙氡气探测的效果。

4. 综合地球物理探测

在综合地球物理探测导水通道方面，Youssef 等(2012)采用遥感影像和直流电阻率法的综合方法探测城市内的塌陷区，结果显示是地下岩溶导致。Franjo 和 Jasna(2018)采用可控源音频大地电磁、电测深和地震方法对克罗地亚喀斯特地区进行地质构造探测，分析了各种地球物理方法在探测喀斯特溶洞时的优缺点。Veronica 等(2018)采用电阻率层析成像法、微重力和地震勘探对伊尔皮亚诺深坑发育区进行探测，通过分析不同深度电阻率和地层地质的对应关系，揭示了灰岩溶洞的发育规律。在国内，郭彦民和冯世民(2006)采用三维地震勘探和瞬变电磁法探测煤矿采空区、老窑的边界范围和积水情况。刘志新等(2008)采用矿井瞬变电磁法与矿井电磁波 CT 探测工作面内的陷落柱，总结了工作面内陷落柱构造异常的电性特征。毛振西(2013)在井下采用瞬变电磁法和矿井地震相结合的综合手段，分析了掘进前方的隐伏含水构造的类型以及富水性。安晋松等(2015)对沁水煤田南部井下的隐伏陷落柱，采用瞬变电磁法和矿井地震组合技术进行超前探测，提高了单一方法的准确度。蒋宗霖和田永华(2015)采用矿井瞬变电磁法与矿井直流电法对工作面内的隐伏陷落柱范围及富水性进行探测，综合对比探测结果后圈定陷落柱位置。

以上研究成果对于导水通道的探测工作起到了积极的推动作用，但是对地球物理探测方法来说，任何一种技术都难以实现导水通道位置及其富水情况的精细定位。例如，地震勘探具有较高的探测精度，可以较准确地识别导水通道的位置和形态，但该方法难以确定导水通道的富水性；电磁法虽然可以有效探测导水通道的富水性，但其几何分辨率较低，无法准确圈定导水通道的边界。如果同时利用两种或多种方法，区别于综合探测和综合解释，通过多方法的联合反演或多参数的信息融合，有效减小不同方法的差异性，克服了单一方法的局限性，就能减少反演的多解性，最终实现导水通道及其富水情况的精细探测。

1.2.2 发展趋势

近年来，国内外学者围绕导水通道及其富水性精细探测问题进行了深入研究，取得了一些成果，提出了一系列新技术新方法，包括地-空电磁法探测技术、核磁共振(nuclear magnetic resonance sounding, NMRS)探测技术、地震与电磁法联合反演以及地面-钻孔地球物理探测技术等。

在地-空电磁法探测方面，Allah 等(2013)研发了地-空瞬变电磁系统，并成功将地-空时间域电磁法应用于日本东南部九十九里滨地区浅海域的地质探测。林君等(2013)采用自主研发的无人飞艇长导线源地-空电磁探测系统对海水入侵、地下水资源进行成功探测；李貅等(2015b)提出了电性源瞬变电磁地-空逆合成孔径成像技术，有助于提高地-空电磁法数据解释精度；张庆辉等(2019)采用时域电性源地-空电磁系统实现了对沁水盆地东南地区煤炭采空区及采空积水区的快速勘查；王振荣等(2020)采用地-空时间域电磁法对陕西神木地区煤矿采空区进行勘查，准确地圈定了积水采空区的范围。

在核磁共振(或磁共振)探测方面，国外以法国 NUMIS 和美国 GMR 仪器为代表，在

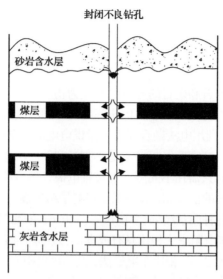

图 1.2　封闭不良钻孔突水示意图

1.4　导水通道主要探测方法

用于导水通道探测的地球物理方法种类很多，按照其所依据的地球物理场的不同可以分为地震类方法、电(磁)法类探测方法、重力勘探方法以及放射性勘探方法等；按照探测空间又可以分为地面地球物理方法和矿井地球物理方法(Wen et al., 2019a)。不同的地球物理方法都有各自的特点、一定的适用条件和应用范围，在导水通道探测中，应根据不同的探测对象，合理选取信息量最大、最可靠和最适用的地球物理方法，以获得最好的探测效果。现将常用的探测方法进行简单的介绍。

1.4.1　三维地震勘探

三维地震勘探开始于 20 世纪 70 年代，与二维地震勘探沿线性测线进行一维激发和接收不同，三维地震勘探方法是在地面一定勘探范围的二维面上布置炮点和检波点。地面二维面上不同位置的炮点依次激发，整个地面二维面上的检波点同时接收同一炮点激发的地震振动信号，即三维地震勘探的数据采集是在地面二维面上进行。三维地震勘探每个检波点记录的信号是该点坐标和地震信号到达时间 t 的函数。三维地震勘探可以采集到地下地层三维空间的高分辨率、高信噪比和高保真度的地震资料。三维地震勘探数据处理是对采集的原始地震数据经过基于地震波在真实三维空间(地质体)内传播原理的一系列滤波、校正、分析、叠加、偏移等处理，将接收到的三维地质体内的反射、绕射或折射时域地震信号转换成三维地质体地质界面的真实空间分布状态，在此基础上进行地质解译。经过几十年的发展，三维地震勘探在小尺度构造探测精度上得到迅速提高。三维地震勘探与二维地震勘探相比具有数据采样密度大、成像精度高的优势，更有利于研究地下地层的局部精细结构。三维地震勘探是精确定位地下导水通道的有效地面地球物理技术，但其具有成本高、施工周期长的劣势。

1.4.2 地面电(磁)法

1. 高密度电阻率法

电阻率法是以地壳中岩石和矿石的导电性差异为物质基础,通过观测与研究人工建立的地中电流场的分布规律进行找矿和解决地质问题的一种电法勘查方法(李金铭,2005)。通过供电电极向大地供电,利用电法勘查仪器测量供电电流强度和测量电极之间的电位差,可以计算大地的视电阻率。高密度电阻率法是集测深和剖面法于一体的一种多装置、多极距的组合方法,现场测量时只需在不同测点上布置电极,然后利用程控电极转换开关和微机工程电测仪便可实现数据的快速和自动采集,将测量结果输入计算机后对数据进行处理,得到关于地电断面分布的各种图示结果(姜国庆等,2016;罗延钟等,2006)。

高密度电阻率法与传统电阻率法相比具有成本低、效率高、信息丰富和解释方便等优点,是导水通道的主要探测方法之一。相比于电磁法,高密度电阻率法受交流电干扰影响小,对含水和不含水的导水通道均具有良好的探测效果,但探测深度相对较浅,一般小于200m。

2. 瞬变电磁法

瞬变电磁法或称时间域电磁法,是一种建立在电磁感应原理基础上的时间域人工源电磁探测方法(李金铭,2005)。通过回线或接地导线发送电流,产生稳定的一次磁场,将发送电流关断,一次磁场迅速减弱为零,大地中激发产生二次涡流电场,涡流电场产生二次磁场,在地面通过线圈或接地电极可以对二次电磁场进行观测。随着时间推移,涡流电场逐步向深部扩散并不断衰减,带来不同深度处的地质体地电信息,通过对二次场响应信息的提取和分析达到探测地下地质体的目的。地面瞬变电磁法的装置类型分为不接地回线源(磁性源)和接地导线源(电性源)两种。其中,不接地回线源包括重叠回线、中心回线、偶极装置和大定源回线装置;接地导线源包括长偏移距装置和短偏移距装置。

瞬变电磁法在发送电流关断期间进行观测,不受一次场影响,有利于微弱二次场信号的观测,装置类型丰富多样,探测深度较大,对低阻体敏感。因此,瞬变电磁法在导水通道探测中得到了广泛应用(卢云飞等,2017;Chen et al.,2015;程久龙等,2014b)。

3. 音频大地电磁法

音频大地电磁法(audio-frequency magnetotellurics,AMT)是利用天然电磁场,基于电磁感应原理,在地面测量互相水平正交的音频范围($0.1Hz\sim100kHz$)电场和磁场分量,根据不同频率电磁波具有不同深度的穿透能力(趋肤深度),获得地下介质由浅至深电阻率结构的一种频率域测深方法。音频大地电磁法的场源主要来自距离地表几十千米以外的电离层及以上空间,可以近似认为电磁波以平面波的形式从地表入射。此时,由地表水平正交的电场和磁场分量可以求得频率域的大地电磁阻抗(式(1.1)),并计算得到卡尼亚视电阻率(式(1.2))和相位(式(1.3))(Simpson and Bahr,2005)。

$$Z_{ij} = \frac{E_i}{H_j} \tag{1.1}$$

式中，Z_{ij} 为大地电磁阻抗；E_i 为电场分量；H_j 为磁场分量。

$$\rho_{ij} = \frac{1}{\omega\mu}\left|Z_{ij}\right|^2 \tag{1.2}$$

式中，ρ_{ij} 为卡尼亚视电阻率；ω 为角频率；μ 为磁导率。

$$\varphi_{ij} = \arctan\frac{\mathrm{Imag}(Z_{ij})}{\mathrm{Real}(Z_{ij})} \tag{1.3}$$

随着卫星同步采集技术的发展，十几年来大大促进了音频大地电磁法测深技术的发展，由于磁场具有较强的区域性，而音频大地电磁法测量区域往往较小，为了提高野外工作效率，在一定范围内的相邻测点间，只采集一个测点的磁场，同步采集多个测点的电场，用于计算大地电磁阻抗值，进而反演得到地下介质的电性结构。

音频大地电磁法不仅具有较大的探测深度，还具有不受高阻层屏蔽、对低阻体敏感、不需要大功率供电设备、野外装备轻便、效率高以及成本低等诸多优点，广泛应用于深部隐伏断层破碎带及其富水性探查(柳建新等，2012)。

4. 可控源音频大地电磁法

可控源音频大地电磁法(controlled source audio-frequency magnetotellurics，CSAMT)属于人工源频率测深法，它是利用不接地磁性源或接地电性源为信号源的一种电磁测深法(李金铭，2005)。该方法的工作频率为音频，其原理和音频大地电磁法类似，其实质是利用人工激发的电磁场来弥补天然场能量的不足。磁性源是在不接地的回线或线框中，供以音频电流产生相应频率的电磁场。磁性源产生的电磁场随距离衰减较快，为获得较强的观测信号，场源到观测点的距离(收发距)r 一般较小($n \times 10^2$ m)，故其探测深度较小($<r/3$)。电性源是在有限长(1~3 km)的接地导线中供音频电流，以产生相应频率的电磁场，通常称其为电偶极源或双极源。根据供电电源功率(发送功率)不同，电性源可控源音频大地电磁法的收发距可达几到几千米，因而探测深度较大(通常可达 2 km)(刘国兴，2005)。

可控源音频大地电磁法采用人工可控发射源，能够获得较强的信号，具有较强的抗干扰能力，同时该方法受地形影响较小，分辨率较高，因此广泛应用于煤矿采空区及采空积水区、陷落柱及其富水性探查中(任辰锋等，2022；Wen et al.，2019b；袁伟等，2016)。

5. 地质雷达

地质雷达(也称探地雷达)利用发射天线将高频电磁波以脉冲形式由地面发射至地层中，经地层界面反射回地面，由另一天线接收回波信号，进而通过对接收的回波信号进行处理和分析解释，达到对浅部进行探测的目的(曾昭发，2010)。地质雷达的优点为轻便快捷、对构造探测分辨率高，缺点为探测深度有限。

1.4.3 矿井地球物理

矿井地球物理勘探(简称矿井物探)，是用于矿井地质探查的各种地球物理勘探方法的总称。与地面地球物理相比，矿井地球物理距离探测目标近，异常响应强，在探测精度和分辨率方面更有优势(刘志新等，2016)。

矿井地球物理包括矿井地震勘探、矿井直流电法勘探、矿井瞬变电磁法勘探、矿井地球物理 CT 技术、微震与电法综合监测预警技术、矿井地质雷达等(程久龙等，2014a；刘盛东等，2014)。

1. 矿井地震勘探

矿井地震勘探利用地震波在井下不均匀地层中传播时产生的反射、折射和透射等特性，来预报巷道前方及周围邻近区域的地质状况，包括常规矿井地震勘探、槽波地震勘探、瑞利波地震勘探和随掘(采)地震勘探。

1)常规矿井地震勘探

20 世纪 70 年代地面浅层地震勘探技术开始应用到煤矿井下探测，用以解决煤矿生产中的地质问题，形成了矿井地震勘探。常规矿井地震勘探包括折射波法、反射波法和透射波法三种。折射波法在距震源相对较远的位置上，观测地下经岩层分界面上滑行后返回巷道的折射波。因为折射波的产生需满足下伏地层速度大于上覆地层速度的条件，所以折射波法主要用于顶底板剩余煤层厚度的探测。反射波法在靠近震源的不同位置上，观测地震波从震源到不同弹性分界面上反射回巷道的地震波动。反射波法应用条件较宽泛，应用最多，可用于巷道顶底板、采煤工作面、巷道侧帮和掘进工作面超前探测(梁庆华等，2009；刘盛东等，2006)。透射波法通过观测穿透不同弹性介质的地震波，在巷道与巷道、钻孔与巷道中进行探测，主要用于工作面内部地质情况探查。

矿井地震勘探的优点为探测距离长，分辨率高，信息丰富，对地质异常特别是断层反应较灵敏、定位较准确；缺点为由于受采掘工作面狭小空间观测条件的限制以及三维空间岩层内不同方向波组的影响，数据处理与解释存在很大的困难，同时由于在煤巷超前探测中地震波具有导波的柱状几何传播特征，且巷道轴向一般与地层平行，相对成熟的隧道超前探测系统在井巷超前探测中适用性较差。

2)槽波地震勘探

在煤层中纵波与横波的部分能量在煤层顶底板界面多次全反射，被禁锢在煤层及其邻近的岩层中，不向围岩辐射，在煤层中相互叠加、相长干涉，形成一个较强的干涉扰动，即槽波(杨思通等，2012)。槽波最大的特点是具有频散特性，槽波的传播速度是频率的函数。

槽波地震勘探分为透射槽波法和反射槽波法。反射槽波法激发点和接收点布置在同一条巷道内，接收来自巷道两侧煤层中的反射槽波信号。反射槽波法主要用于探测煤层内断层、侵入体等能形成反射波的地质异常。透射槽波法激发点布置在工作面一个巷道，接收点布置在工作面另一侧的巷道内，接收来自激发点的透射槽波信息。透射槽波法用于探测煤层厚度变化和工作面内构造等地质异常。透射槽波法建立在槽波频散分析基础之上，同一频率下波速与煤层厚度和结构相关，对同一频率或同一频带的槽波进行速度或能量层析成像，得到工作面内速度分布图和振幅能量分布图，进而可以对煤层厚度变化和煤层内各种地质异常体进行资料解释。

槽波地震勘探具有能量强、波形特征较容易识别、精度高、抗干扰能力强等优点，是井下探查采煤工作面内地质异常的有效方法。

3) 瑞利波地震勘探

瑞利波地震勘探是利用瑞利波的频散特性进行超前探测的方法 (夏宇靖等，1992)。在非均匀弹性介质中，不同频率的振动以不同的速度传播，即瑞利波的频散特性，一定的频率对应一定的波长，即对应一定的探测深度。瑞利波地震勘探的优点为轻便快捷，缺点为探测距离偏小，一般有效距离为几米到十几米。

4) 随掘(采)地震勘探

随掘(采)地震勘探是以掘进机(采煤机)切割岩层或煤层产生的振动作为震源的探测方法 (程建远等，2019a；程久龙等，2015)。常规的矿井地球物理方法不能实现探掘(采)协调作业，随掘(采)地震勘探不需要另外的震源(炸药、锤击等)，不需要掘进机(采煤机)停止工作来探测，可大大提高工作效率，可以实现掘进工作面前方或回采工作面内的地质异常体探测，如断层、陷落柱和采空区等 (程久龙等，2022)。

2. 矿井直流电法勘探

1) 音频电透视方法

音频电透视方法采用 10～100Hz 的直流电，在工作面的一条巷道内布置供电电极 A 和 B，在工作面的另一条巷道内布置测量电极 M 和 N，测量两点间的电位差，并计算视电阻率。若工作面内及顶底板存在断层、陷落柱和采空区等导水通道，视电阻率就会有所反应，据此推断解释导水通道位置及其含水性 (曾方禄等，1997)。音频电透视方法成本低，效率高，但只能定性确定探测深度，受巷道底板伏煤或顶板残煤高阻屏蔽影响较大。

2) 直流电法超前探测方法

国内学者把直流电法引入矿井巷道超前探测已有 20 多年的时间 (韩德品等，2010；程久龙等，2000；李学军，1992)。最初主要采用三极测深装置，即直流三极法，将供电电极置于巷道迎头附近，另一供电电极置于无穷远处，移动测量电极 M、N 进行探测。后来，为了区分巷道不同方向的异常体，发展了多电极供电观测系统，如三点三极法和七电极系统，基于几何聚焦原理进行成图和资料解释。直流三极法超前探测原理基于"球壳理论"，认为在均匀介质中，点电源 A 形成的等位面为球面，测量电极 M、N 所测电位差是 M、N 之间球壳体积范围内的电位差，因此若巷道前方存在异常体，则可以通过在巷道后方观测视电位或视电阻率的变化进行判断。

直流三极法超前探测具有高效、简便等特点，但该方法受巷道后方及侧帮影响较大，直流点源场存在对掘进工作面前方导水通道的弱敏感性 (李飞等，2020c；王鹏等，2020)。

3. 矿井瞬变电磁法勘探

矿井瞬变电磁法的原理与地面瞬变电磁法一致，即利用发射线圈向地下发射一次脉冲电磁场，在一次脉冲电磁场间歇期间，利用接收线圈或探头接收二次场，根据二次场随时间的变化特征分析地下地质情况。与地面瞬变电磁法的不同之处是,矿井瞬变电磁法是在地下几百米深的井下巷道内进行的,受巷道空间限制,采用边长不超过2m的多匝方形回线,瞬变电磁场呈全空间分布,测量得到的瞬变电磁场响应为全空间响应(于景邨等,2007)。

矿井瞬变电磁法的优点为对低阻体反应敏感,在岩层富水性探测方面具有优势;超前探测距离较大,探测方向指向性较好;施工方便快捷,劳动强度小,对常规地球物理方法较难探测的工作面顶底板和巷道迎头超前探测岩层及构造的富水性探测效果好。缺点为受体积效应影响分辨率偏低,难以准确分辨实际的电性界面;因关断时间等影响,存在探测盲区;因全空间效应影响,存在对称性多解问题;发射线圈使用的是多匝回线,因发射线圈和接收线圈之间存在较强的互感等原因,存在实测的电阻率比实际岩层电阻率偏低等问题(李飞等,2018;程久龙等,2014b)。

4. 矿井地球物理 CT 技术

利用地震波(纵波、横波或槽波)进行透射探测,进行层析成像处理的技术称为矿井地震 CT 技术;采用直流电法进行工作面透视探测并进行层析成像处理的方法称为矿井直流电 CT 技术;采用无线电波(电磁波)进行工作面透视探测(又称坑道无线电波透视法,简称坑透法),并进行层析成像处理的方法称为矿井电磁波 CT 技术。以上矿井地球物理 CT 技术中,矿井电磁波 CT 技术应用较多,下面以矿井电磁波 CT 技术为例进行介绍。

电磁波在煤层中传播时,如果煤层中存在地质构造,由于构造异常的电性参数(电阻率和介电常数)与煤层不同,它们对电磁波能量的吸收不同。当电磁波穿过煤层途中遇到断层、陷落柱、含水裂隙、煤层变薄区或其他构造时,电磁波能量将被吸收或完全屏蔽,则在接收巷道收到微弱信号或收不到透射信号,形成透视异常区,即为所要探测异常体的位置和范围。

单位距离电磁波场强的衰减量称为吸收系数。把工作面划分为若干小单元(通常为均匀的矩形网格,每一个小单元内的吸收系数视为相同),首先根据已知地质条件估计初始模型,然后计算实测场强与理论场强的残差量,将每条射线的残差量以它穿过每一网格的路径长度作为权系数分摊到该网格中,修正模型参数,反复迭代直至观测值与计算值满足误差要求,从而实现工作面内吸收系数反演成像(程久龙等,1999)。CT 成像结果可以更精确和直观地反映工作面内地质构造异常分布情况。

5. 矿井地质雷达

地质雷达利用发射天线将高频电磁波以脉冲形式由工作面(或巷道)发射至地层,经地层界面反射返回工作面(或巷道),由另一天线接收回波信号,进而通过对接收的回波信号进行处理和分析解释,达到对工作面(巷道)浅部岩层进行探测,或进行短距离超前预报的目的。矿井地质雷达的优点为轻便快捷、对构造探测分辨率高,缺点为探测距离有限,在巷道中探测时受锚网、锚杆、铁轨等干扰较严重,可以采用屏蔽天线。

以上分析总结了地面和矿井地球物理探测方法,除此之外,红外测温技术和氡气测量技术也可用于导水通道的探测。红外测温技术是应用红外测温仪对巷道壁进行测温,根据测量辐射温度的变化判断巷道附近的地质情况,主要应用于近距离小范围含水导水通道探测(徐栓祥等,2019;程文楷等,1995)。红外测温技术的优点为快速、轻便、廉价,缺点是难以确定导水通道具体位置,主要作为辅助方法。氡气是一种无色、无味、无嗅的放射性气体,自然界中的氡气在扩散与对流等作用机制下,有着很强的沿着岩石空隙系统从地下深处向上运移的能力(张东升等,2016)。通过测量和研究氡气浓度的分布特征,可查明断层和采空区等导水通道在地表的投影位置,但难以确定导水通道的深度。

针对不同类型的导水通道,为了更方便地选取探测方法,下面对几种典型导水通道的主要探测方法进行归纳,详见表 1.2。

表 1.2 典型导水通道的主要探测方法

导水通道类型	主要探测方法	备注
断层	1.地面地震勘探(二维/三维) 2.地面高密度电阻率法 3.地面瞬变电磁法 4.可控源音频大地电磁法/音频大地电磁法 5.矿井直流电法 6.矿井瞬变电磁法 7.矿井地震勘探 8.矿井电磁波 CT 9.矿井地质雷达 10.红外测温 11.氡气测量	优先采用三维地震勘探。当断层富水性未知时,优先采用电(磁)法,或地震与电(磁)法综合的探测方法。地面地球物理方法探测精度和分辨率随断层埋藏深度增加而降低,对于大埋深小尺度断层,可采用矿井地球物理方法
陷落柱	1.地面地震勘探(二维/三维) 2.地面高密度电阻率法 3.地面瞬变电磁法 4.可控源音频大地电磁法/音频大地电磁法 5.矿井地质雷达 6.矿井直流电法 7.矿井瞬变电磁法 8.矿井地震勘探 9.矿井电磁波 CT 10.红外测温	优先采用三维地震勘探。当陷落柱富水性未知时,优先采用电(磁)法,或地震与电(磁)法综合探测方法。地面地球物理方法探测精度和分辨率随陷落柱埋藏深度增加而降低,对于大埋深小尺度陷落柱,可采用矿井地球物理方法
采空区/老窑井巷	1.地面地震勘探(二维/三维) 2.地面高密度电阻率法 3.地面瞬变电磁法 4.可控源音频大地电磁法/音频大地电磁法 5.矿井地质雷达 6.矿井直流电法 7.矿井瞬变电磁法 8.微重力勘探 9.红外测温 10.氡气测量	优先采用三维地震勘探。当采空区富水性未知时,优先采用电(磁)法,或地震与电(磁)法综合探测方法。对地质雷达和高密度电阻率法来说,只适用于采空区埋深较浅的情况。地面地球物理方法探测精度和分辨率随采空区深度增加而降低,对于大埋深采空区和老窑井巷,可采用矿井地球物理方法。红外测温和氡气测量难以确定采空区具体位置,主要作为辅助方法
导水裂隙带	1.地面地震勘探(二维/三维) 2.地面高密度电阻率法 3.地面瞬变电磁法 4.矿井直流电法 5.矿井瞬变电磁法 6.矿井地质雷达 7.氡气测量	可采用三维地震勘探。当导水裂隙带富水性未知时,优先采用电(磁)法,或地震与电(磁)法综合探测方法。地面地球物理方法探测精度和分辨率随采空区深度增加而降低时,深部可采用矿井地球物理方法。氡气测量难以确定裂隙带具体位置,主要作为辅助方法

续表

导水通道类型	主要探测方法	备注
封闭不良钻孔	1.地面瞬变电磁法 2.地面高密度电阻率法 3.矿井直流电法 4.矿井瞬变电磁法 5.矿井地质雷达	地面高密度电阻率法探测深度一般小于200m。封闭不良钻孔尺度小，可采用矿井地球物理方法

第 2 章

导水通道地球物理场响应特征

导水通道地球物理场响应特征是导水通道探测方法选择、数据处理和资料解释的重要依据，可以为导水通道精细探测奠定坚实的理论基础。本章在建立不同类型的典型导水通道(陷落柱、断层、采空区)三维地质-地球物理模型的基础上，分别开展三维地震波场和三维电磁场(瞬变电磁场、可控源音频大地电磁场、音频大地电磁场和钻孔瞬变电磁场)数值模拟，探讨不同类型导水通道的地球物理场响应特征。

2.1 典型导水通道的地质-地球物理模型

1. 陷落柱

以华北型煤田陷落柱为例，建立陷落柱地质-地球物理模型，根据华北型煤田的地层结构以及陷落柱的水文地质特征，将地下介质分为 5 层，从上到下依次为第四系、以砂岩为主的煤系地层、煤层、以砂岩为主的煤系地层以及煤系基底灰岩层，含陷落柱模型三维立体示意图如图 2.1 所示，剖面示意图如图 2.2 所示。

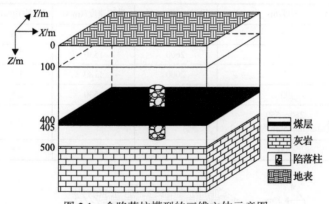

图 2.1　含陷落柱模型的三维立体示意图

在总结华北型煤田煤系地层的电性特征和弹性特征的基础上，为陷落柱模型设置了相应的电阻率和弹性参数值，具体的模型物性参数见表 2.1。

2. 断层

以正断层为例，建立断层地质-地球物理模型，将地下介质分为 5 层，从上到下依次为第四系、以砂岩为主的煤系地层、煤层、以砂岩为主的煤系地层以及煤系基底灰岩层。断层倾角为 60°，落差分别为 5m、10m 和 20m，含断层模型的三维立体示意图如图 2.3

所示，剖面示意图如图 2.4 所示，模型物性参数见表 2.2。

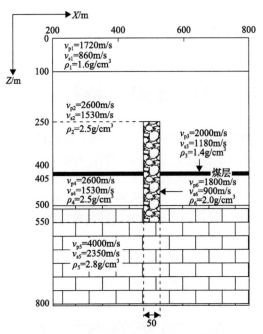

图 2.2　含陷落柱模型的剖面示意图

v_p 表示纵波速度；v_s 表示横波速度；ρ 表示密度

表 2.1　陷落柱模型物性参数

序号	地层	厚度/m	纵波速度/(m/s)	横波速度/(m/s)	密度/(g/cm³)	电阻率/(Ω·m)
1	第四系	100	1720	860	1.6	50
2	砂岩	300	2600	1530	2.5	100
3	煤层	5	2000	1180	1.4	800
4	砂岩	95	2600	1530	2.5	100
5	陷落柱	250~550 （直径 20m、50m 和 100m）	1800	900	2.0	10（含水） 1000（不含水）
6	灰岩	200	4000	2350	2.8	200

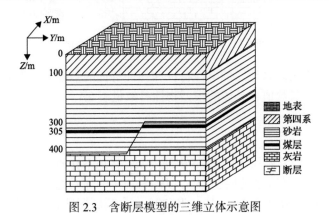

图 2.3　含断层模型的三维立体示意图

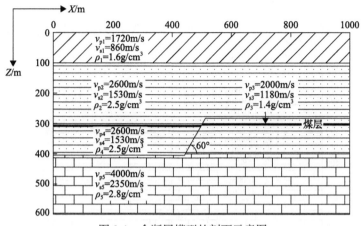

图 2.4　含断层模型的剖面示意图

表 2.2　断层模型物性参数

序号	地层	厚度/m	纵波速度/(m/s)	横波速度/(m/s)	密度/(g/cm³)	电阻率/(Ω·m)
1	第四系	100	1720	860	1.6	50
2	砂岩	200	2600	1530	2.5	100
3	煤层	5	2000	1180	1.4	800
4	砂岩	95	2600	1530	2.5	100
5	灰岩(含水)	200	4000	2350	2.8	50
6	断层	倾角为60°，落差分别为5m、10m和20m，向煤层顶板砂岩层延伸20m				

3. 采空区

根据采空区赋存条件及特点，将地下介质分为 5 层，从上到下依次为第四系、以砂岩为主的煤系地层、煤层、以砂岩为主的煤系地层以及煤系基底灰岩层。含采空区模型三维立体示意图如图 2.5 所示，采空区的尺寸(长×宽×高)分别为 50m×50m×5m、100m×100m×5m 和 200m×200m×5m，在采空区上方设置了冒落带和导水裂缝带，煤层底板设置了底板破坏带，剖面示意图如图 2.6 所示，模型物性参数和冒落带、导水裂缝带及底板破坏带的几何参数见表 2.3。

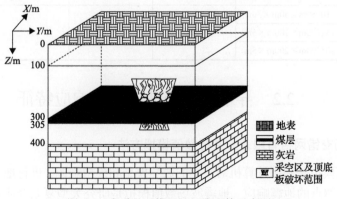

图 2.5　含采空区模型的三维立体示意图

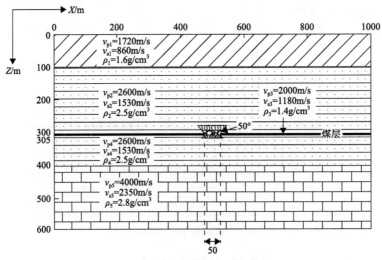

图 2.6　含采空区模型的剖面示意图

表 2.3　采空区模型物性参数和冒落带、导水裂缝带及底板破坏带的几何参数

序号	地层	厚度/m	纵波速度/(m/s)	横波速度/(m/s)	密度/(g/cm³)	电阻率/(Ω·m)
1	第四系	100	1720	860	1.6	50
2	砂岩	200	2600	1530	2.5	100
3	煤层	5	2000	1180	1.4	800
4	砂岩	95	2600	1530	2.5	100
5	灰岩(含水)	—	4000	2350	2.8	50
6	采空区	5(50m×50m×5m) 5(100m×100m×5m) 5(200m×200m×5m)	900	450	1.5	1000(不含水)、 10(含水)
7	冒落带	10(50m×50m×5m) 15(100m×100m×5m) 20(200m×200m×5m)	900	450	1.5	1000(不含水)、 10(含水)
8	导水裂缝带	15(50m×50m×5m) 20(100m×100m×5m) 30(200m×200m×5m)	1300	760	2.0	300(不含水)、 30(含水)
9	底板破坏带	10(50m×50m×5m) 15(100m×100m×5m) 20(200m×200m×5m)	1300	760	2.0	300(不含水)、 30(含水)

2.2　导水通道的地震波场响应特征

2.2.1　地震波场交错网格有限差分并行数值模拟方法

　　地震波数值模拟是利用计算机对建立的数学模型和模拟震源，进行地震波动方程数值求解，记录各观测点的地震响应。地震波场数值模拟是研究大型复杂介质模型地震资料采

集、数据处理和解释的有效手段，其具有成本低、模型建立方便、模型参数调整灵活等优点，尤其是在研究多种介质、复杂构造的较大模型的地震响应方面具有物理模拟不可比拟的优势。常用的地震波场数值模拟方法有射线追踪法、积分方程数值求解方法以及微分方程数值求解方法等。微分方程数值求解方法中的有限差分数值模拟技术具有计算精度高、计算速度快、节省存储空间、易于编程和并行化等优点，被研究者普遍采用。为此，采用基于并行交错网格高阶差分算法的数值模拟方法进行导水通道的地震波场响应特征研究。

三维地震波动方程的交错网格有限差分模型中应力节点和速度节点的分布方式如图 2.7 所示。整个网格空间由七种不同类型的节点按照图中的排列方式构成。对三维模型空间进行离散化，设在三个坐标轴方向上节点间的离散步长均为 Δx。时间节点离散步长为 Δt。在 x 轴方向取离散点 $x=\left(i-\dfrac{1}{2}\right)\Delta x$，$i\Delta x$，$\left(i+\dfrac{1}{2}\right)\Delta x$ $(i=0，1，2，3，\cdots)$，令 $i-\dfrac{1}{2}$、i、$i+\dfrac{1}{2}$ 分别为模型中 x 方向离散点 $\left(i-\dfrac{1}{2}\right)\Delta x$、$i\Delta x$、$\left(i+\dfrac{1}{2}\right)\Delta x$ 的序号。同样，令 $j-\dfrac{1}{2}$、j、$j+\dfrac{1}{2}$ 分别为模型中 y 轴方向离散点 $\left(j-\dfrac{1}{2}\right)\Delta y$、$j\Delta y$、$\left(j+\dfrac{1}{2}\right)\Delta y$ 的序号；令 $k-\dfrac{1}{2}$、k、$k+\dfrac{1}{2}$ 分别为模型中 z 轴方向离散点 $\left(k-\dfrac{1}{2}\right)\Delta z$、$k\Delta z$、$\left(k+\dfrac{1}{2}\right)\Delta z$ 的序号。令 $l-\dfrac{1}{2}$、l、$l+\dfrac{1}{2}$ 分别为在地震波传播时间 t 离散点 $\left(l-\dfrac{1}{2}\right)\Delta t$、$l\Delta t$、$\left(l+\dfrac{1}{2}\right)\Delta t$ 的序号。

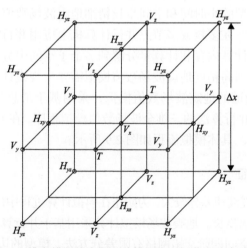

图 2.7　三维交错网格有限差分模型中空间节点分布示意图

在常规交错网格有限差分法波场计算时，不同速度分量在交错网格节点的位置不一致，因此不能同时记录同一节点的不同速度分量。为了在记录时对半个网格节点的交错进行校正，研究中采用取平均值的办法达到同时记录同一节点的不同速度分量的目的。假设令 V_x 节点在整数倍的网格步长坐标位置上，即节点在交错网格中的坐标为 $(i，j，k)$，此时与之相邻的 V_y 与 V_z 坐标为 $\left(i\pm\dfrac{1}{2}，j\pm\dfrac{1}{2}，k\right)$ 和 $\left(i\pm\dfrac{1}{2}，j，k\pm\dfrac{1}{2}\right)$，即 V_y 与 V_z 在有的坐标方向上，位于半个网格步长的坐标位置上。由于模拟时以整个节点进行循环，为了消除半个节点的坐标误差，取 $V_y\left(i\pm\dfrac{1}{2},j\pm\dfrac{1}{2},k\right)$ 和 $V_z\left(i\pm\dfrac{1}{2},j,k\pm\dfrac{1}{2}\right)$ 的平均值作为 $V_y(i,j,k)$ 与 $V_z(i,j,k)$ 的值，如式(2.1)、式(2.2)和图 2.8 所示(Yang et al.，2016)。

$$V_y(i,j,k)=[V_y(i+1/2,j+1/2,k)+V_y(i+1/2,j-1/2,k)$$
$$+V_y(i-1/2,j-1/2,k)+V_y(i-1/2,j+1/2,k)]/4 \qquad (2.1)$$

$$V_z(i,j,k)=[V_z(i+1/2,j,k+1/2)+V_z(i+1/2,j,k-1/2)$$
$$+V_z(i-1/2,j,k-1/2)+V_z(i-1/2,j,k+1/2)]/4 \qquad (2.2)$$

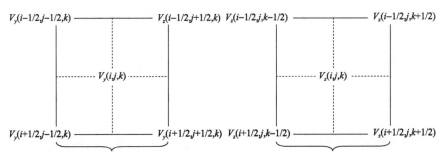

图 2.8　三维交错网格有限差分模型中 $V_y(i,j,k)$、$V_z(i,j,k)$ 位置图

基于单个中央处理器(central processing unit，CPU)的地震波场数值模拟串行算法，难以满足大尺寸三维模型的小时间和空间步长精细地震波场数值模拟所需要的超大规模计算内存容量和计算量。在多核或多节点并行计算机上应用并行算法将地震波场数值模拟计算所需要的大规模计算内存和计算量分解到多个子空间中分别存储和同时计算，是解决三维大尺寸模型精细高精度地震波场数值模拟需要大规模计算内存和巨型计算量的有效方法。下面导水通道的地震波场数值模拟，采用基于消息传递界面/接口(message passing interface，MPI)并行算法的三维全波场数值模拟程序，在 Linux 系统的 PC-Cluster 集群计算机环境下实现，具体模拟流程如图 2.9 所示。

2.2.2　地震波场响应特征

由于不同介质的地震波速差异较大，为防止在模拟计算过程中出现频散现象，模拟中采用较小的空间步长和时间步长。地震波场模拟计算采用基于并行算法的一阶速度-应力弹性波全波方程时间二阶、空间四阶交错网格有限差分方法。模型的边界条件采用完美匹配层(perfectly matched layer，PML)吸收边界，震源采用 100Hz 纵波里克(Ricker)子波震源。

1. 陷落柱模型三维地震波场数值模拟及其响应特征

按照图 2.1 和图 2.2 所示的模型示意图和表 2.1 给出的模型物性参数建立含陷落柱三维数字模型，模型 x 方向长度为 1000m，y 方向长度为 200m，z 方向深度为 600m。在 x、y、z 方向空间网格间隔均为 1m，模拟时间步长为 0.00001s。观测系统如图 2.10 所示，其中炮间距为 50m，道间距为 10m。

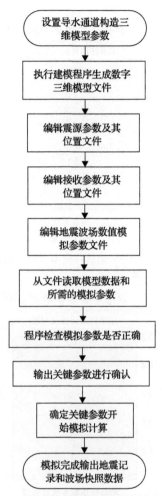

图 2.9　三维地震波场数值模拟流程

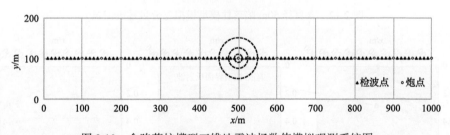

图 2.10　含陷落柱模型三维地震波场数值模拟观测系统图

　　对应表 2.1 中模型物性参数分别对不同尺寸(埋深 250m,陷落柱直径分别为 100m、50m 和 20m)的含陷落柱模型进行三维地震数值模拟。图 2.11、图 2.12 和图 2.13 分别为含直径 100m、50m、20m 陷落柱模型的三分量地震模拟记录。图中显示,当在陷落柱正上方激发接收时,由于地震波在陷落柱顶底界面多次反射形成多次反射波,表现为不连续垂直条带状,随着陷落柱直径变小,地震记录中的多次反射波明显减弱。

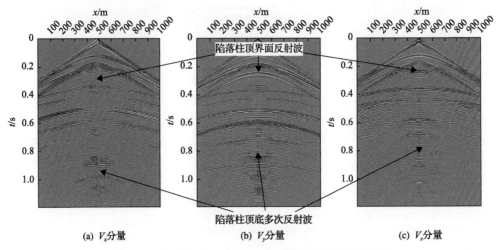

图 2.11　含直径 100m 陷落柱模型模拟三分量地震记录

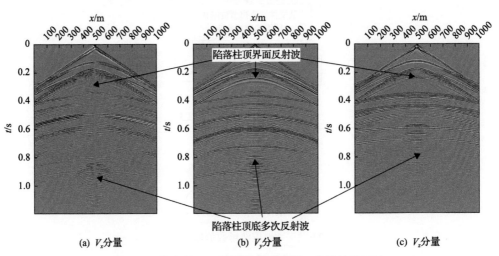

图 2.12　含直径 50m 陷落柱模型模拟三分量地震记录

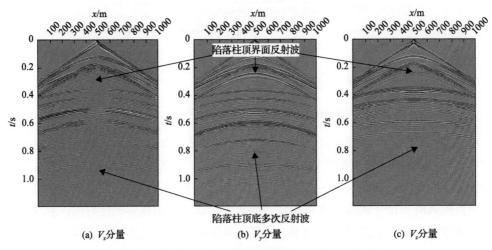

图 2.13　含直径 20m 陷落柱模型模拟三分量地震记录

图 2.14、图 2.15、图 2.16 和图 2.17 分别为直径 100m、50m、20m 陷落柱模型数值模拟 V_z 分量地震记录的动校正叠加、叠后基尔霍夫(Kirchhoff)时间偏移、叠前基尔霍夫深度偏移和纵波方程叠前逆时偏移成像深度剖面。四图对比表明,纵波方程叠前逆时偏移对陷落柱成像效果最好,可以成像直径 20m 陷落柱造成的煤层不连续;叠前基尔霍夫深度偏移可以成像直径 50m 陷落柱造成的煤层不连续。同时,图 2.16 和图 2.17 表明,纵波方程叠前逆时偏移和叠前基尔霍夫深度偏移受转换波和多次波影响较大,尤其是浅层。常规动校正叠加和叠后基尔霍夫时间偏移虽然横向分辨率不足,对直径较小的陷落柱成像精度较差,但是受转换波和多次波影响较小,在垂直方向上对层界面成像精度较高。受陷落柱内多次波的影响,上述偏移方法对陷落柱顶深成像效果较好,对陷落柱底深成像效果均较差。

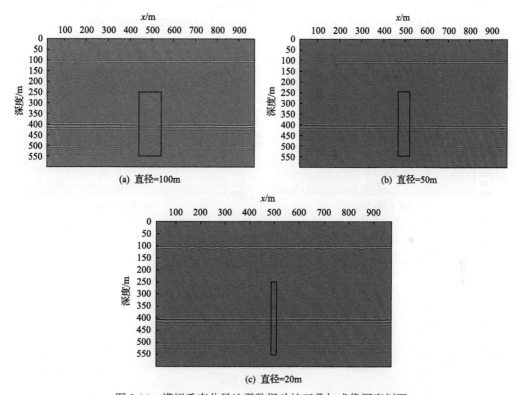

(a) 直径=100m

(b) 直径=50m

(c) 直径=20m

图 2.14　模拟垂直分量地震数据动校正叠加成像深度剖面

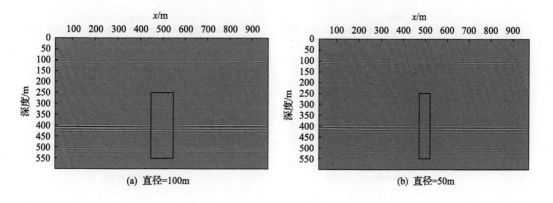

(a) 直径=100m

(b) 直径=50m

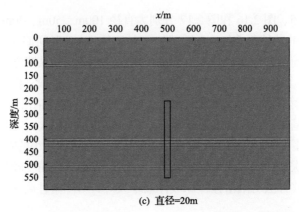

(c) 直径=20m

图 2.15　模拟垂直分量地震数据叠后基尔霍夫时间偏移成像深度剖面

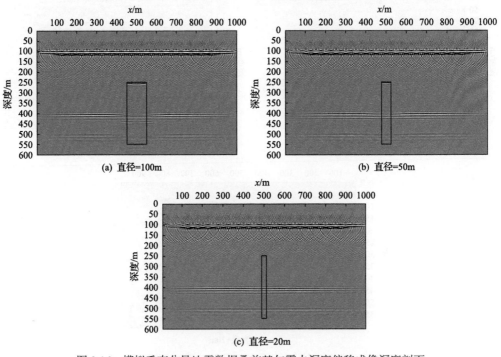

(a) 直径=100m

(b) 直径=50m

(c) 直径=20m

图 2.16　模拟垂直分量地震数据叠前基尔霍夫深度偏移成像深度剖面

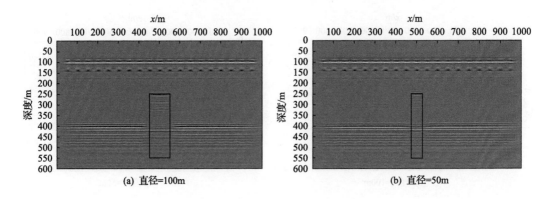

(a) 直径=100m

(b) 直径=50m

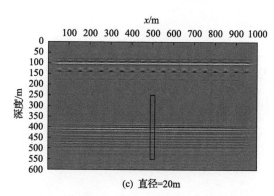

(c) 直径=20m

图 2.17　模拟地震数据纵波方程叠前逆时偏移成像深度剖面

2. 断层模型三维地震波场数值模拟及其响应特征

对应表 2.2 中的断层模型参数分别建立了落差为 5m、10m 和 20m，倾角为 60°的三维断层模型。模型 x 方向长度为 1000m，y 方向长度为 500m，z 方向深度为 600m。在 x、y、z 方向空间网格间隔均为 1m，模拟时间步长为 0.00001s。观测系统如图 2.18 所示，共设 19 条检波线接收，炮间距为 50m，线间距为 50m，检波线内道间距为 50m。图 2.19 为第 10 炮三分量地震记录。

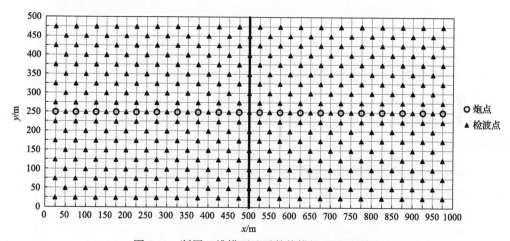

图 2.18　断层三维模型地震数值模拟观测系统图

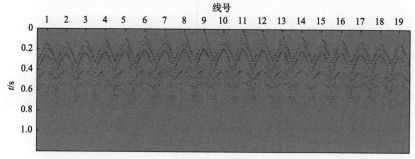

(a) V_x 分量

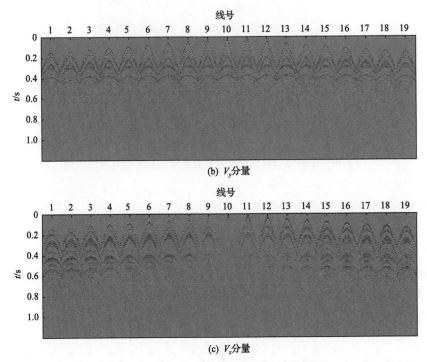

(b) V_y分量

(c) V_z分量

图 2.19　第 10 炮三分量地震记录时间剖面

　　图 2.20 中垂直于断层走向地震测线接收的多炮垂直分量地震记录如图 2.21 所示，对其进行动校正叠加处理，处理结果如图 2.22 所示。可以看出，当煤层中断层落差较大 (20m) 时，地震资料经动校正和叠加处理可以较准确地识别出断层的埋深、性质和落差情况。

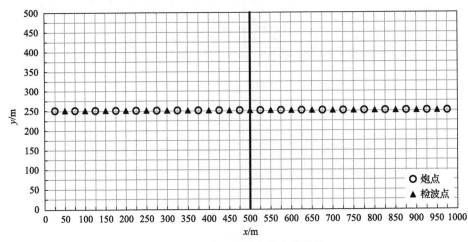

图 2.20　垂直于断层走向地震测线

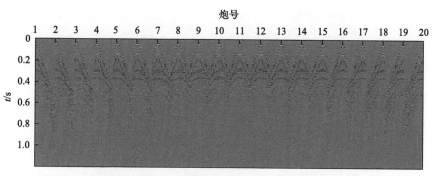

图 2.21   垂直于断层走向地震测线多炮垂直分量地震记录(落差 20m)

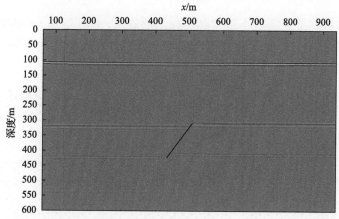

图 2.22   垂直于断层走向地震测线多炮地震记录动校正叠加深度剖面(落差 20m)

同样对落差 10m 的断层模型模拟数据,提取垂直于断层走向地震测线接收的多炮垂直分量地震记录,如图 2.23 所示,对其进行共中心点道集动校正和叠加处理,处理结果如图 2.24 所示。可以看出,当煤层中断层落差较大(大于 10m)时,在地震资料质量较好的情况下,可以通过地面地震资料较精确地成像断层的埋深、性质和落差。

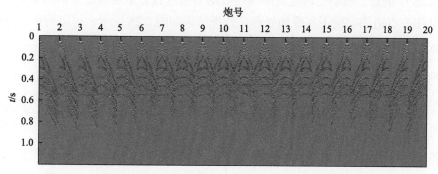

图 2.23   垂直于断层走向地震测线多炮垂直分量地震记录(落差 10m)

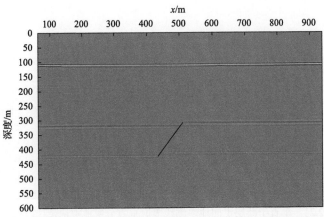

图 2.24　垂直于断层走向地震测线多炮地震记录动校正叠加深度剖面(落差 10m)

为了精细模拟三维地震对小落差断层探测的效果，对落差为 5m 的断层模型进行线间距 10m、线内道间距 20m 以及炮间距 40m 的高采样密度三维地震探测数值模拟。观测系统如图 2.25 所示。

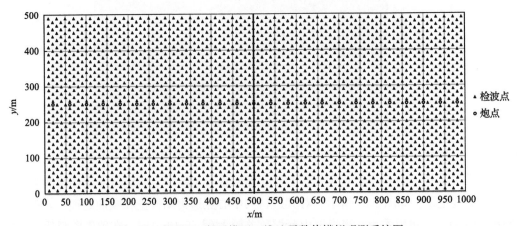

图 2.25　落差 5m 断层模型三维地震数值模拟观测系统图

图 2.26 中垂直于断层走向地震测线接收的多炮垂直分量地震记录如图 2.27 所示，对其进行共中心点道集动校正和叠加处理，处理结果如图 2.28 所示。可以看出，煤层中断

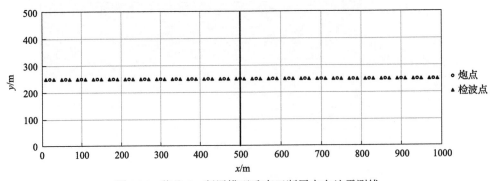

图 2.26　落差 5m 断层模型垂直于断层走向地震测线

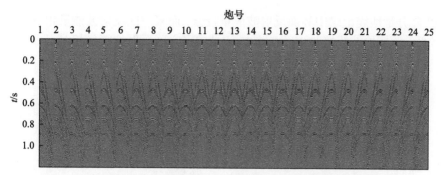

图 2.27 垂直于断层走向地震测线多炮垂直分量地震记录(落差 5m)

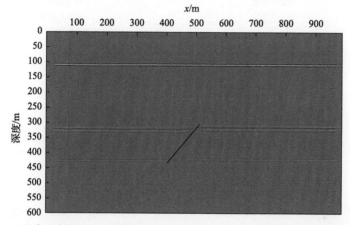

图 2.28 垂直于断层走向地震测线多炮地震记录动校正叠加深度剖面(落差 5m)

层落差较小(5m)时,通过加密道间距和炮间距、减小面元网格、增加覆盖次数的方式提高地震资料的分辨率,可以有效提高断层埋深、性质和落差的成像精度。

3. 采空区模型三维地震波场数值模拟及其响应特征

对表 2.3 中 50m×50m×5m 的采空区模型进行三维地震数值模拟。模型 x 方向长度为 1000m, y 方向长度为 150m, z 方向深度为 400m。在 x、y、z 方向空间网格间隔均为 0.5m。由于采空区内介质横波波速较低(450m/s),为了防止在模拟过程中发生频散,震源主频设为 50Hz。模拟时间步长为 0.000006s。观测系统如图 2.29 所示,中间检波线穿过采空区正上方,左右两条检波线对称分布在中间两侧,炮间距为 50m,道间距为 10m。

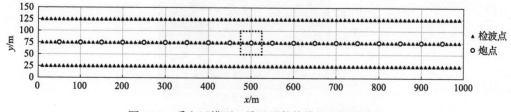

图 2.29 采空区模型三维地震数值模拟观测系统图

图 2.30 和图 2.31 分别为第 5 炮和第 10 炮激发三条检波线接收的三分量地震记录。

V_x分量和 V_z分量地震记录中界面反射波能量较强，而采空区反射波能量相对于界面反射波能量较低。两侧检波线接收 V_y分量地震记录中采空区反射波能量相对于界面反射波能

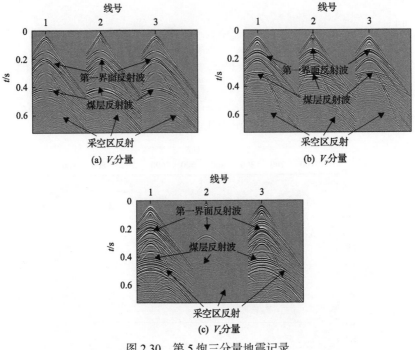

图 2.30　第 5 炮三分量地震记录

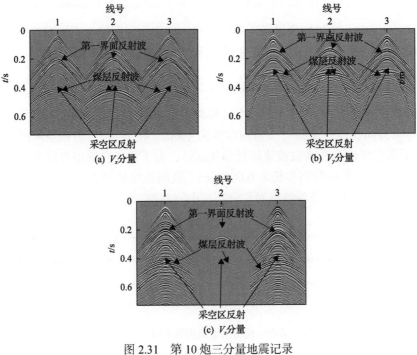

图 2.31　第 10 炮三分量地震记录

量变强。随着炮点向采空区正上方逐渐靠近，V_x分量和V_z分量地震记录中采空区反射波能量增强。由于地震波在采空区顶底界面多次反射，地震记录中出现明显连续多次波。

图 2.32 为观测系统中间测线接收到的多炮垂直分量地震记录，对其进行动校正和水平叠加处理，得到深度剖面如图 2.33 所示。通过地震资料的偏移成像可以有效识别采空区的顶部埋深和位置，并可以识别采空区造成的煤层不连续。由于采空区顶部的强反射影响，采空区底部埋深难以清晰成像。

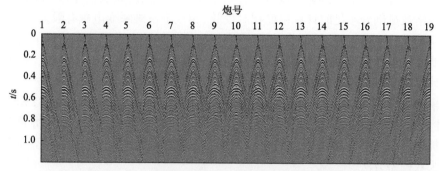

图 2.32　中间测线接收到的多炮垂直分量地震记录

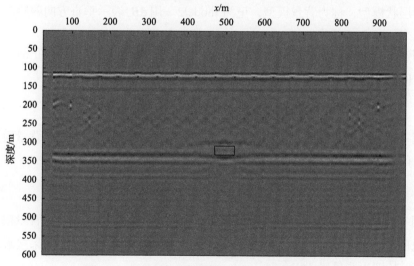

图 2.33　中间测线地震资料动校正叠加深度剖面

2.3　导水通道的电磁场响应特征

2.3.1　瞬变电磁场响应特征

1. 基于双模型有限差分的数值模拟

瞬变电磁场三维数值模拟方法主要有有限单元法 (Um et al.，2010)、有限差分法 (Wang et al.，1993)、体积分方程法 (Newman et al.，1988)、有限体积法 (Haber et al.，2014)

和边界元法(Chen et al., 1992)，其中，有限差分法以 Yee 元胞为空间电磁场离散单元，将麦克斯韦方程组转化为差分方程，在时间轴上逐步推进地求解，具有简单灵活和高效的特点。Yee(1966)提出了经典的电磁场交错网格空间离散方式，最早实现了三维电磁场有限差分正演。Wang 等(1993)通过引入虚拟位移电流项，建立了经典的三维瞬变电磁场有限差分正演算法。Commer 等(2004)建立了三维时域有限差分并行计算方法。孙怀凤等(2013)将发射回线等效为面电流源，一次场通过迭代计算得到，实现了地面、隧道和地空探测等多种装置类型的数值模拟。有限差分正演算法的缺点是计算时间相对较长，在模型网格数量剖分不足时计算精度相对较低。相比于三维瞬变电磁有限差分正演方法，一维数字滤波算法可以在数秒内计算得到高精度的解。结合三维有限差分正演算法和一维数字滤波正演算法各自的特点，提出双模型三维正演方法，可以在保证计算精度的同时缩短计算时间(李飞等，2020a)。

双模型方法的基本思路是，通过三维有限差分正演算法(孙怀凤等，2013；Wang et al.，1993)计算异常场，通过一维数字滤波算法(李貅，2002)计算背景场，然后将异常场和背景场叠加得到总场。为了计算异常场和背景场，需要建立正演模型和背景模型两个模型，所以称为双模型方法。

将所要进行正演的模型称为正演模型，记为 model1。通过去除三维异常体将正演模型简化为层状模型，称为背景模型，记为 model2。用 dB_z 表示垂直方向磁感应强度随时间的变化率。

采用三维有限差分算法对正演模型 model1 进行正演计算，可以得到正演模型磁感应强度随时间的变化率 dB_{z3D}^{model1}。dB_{z3D}^{model1} 中包含异常场、背景场和迭代偏差：

$$dB_{z3D}^{model1} = dB_{z3D}^{异常场} + dB_{z3D}^{背景场} + dB_{z3D}^{迭代偏差} \tag{2.3}$$

采用三维有限差分算法对背景模型 model2 进行正演计算，可以得到背景模型磁感应强度随时间的变化率 dB_{z3D}^{model2}。dB_{z3D}^{model2} 中包含背景场和迭代偏差：

$$dB_{z3D}^{model2} = dB_{z3D}^{背景场} + dB_{z3D}^{迭代偏差} \tag{2.4}$$

采用一维数字滤波算法对背景模型 model2 进行正演计算，可以得到背景模型磁感应强度随时间的变化率 dB_{z3D}^{model2}。因为一维数字滤波算法精度高，正演结果接近理论值，所以 dB_{z3D}^{model2} 即为背景场 $dB_{z3D}^{背景场}$：

$$dB_{z3D}^{model2} = dB_{z3D}^{背景场} \tag{2.5}$$

综合式(2.3)~式(2.5)，建立三维瞬变电磁双模型正演方法计算公式：

$$dB_z = \frac{dB_{z3D}^{model1} - dB_{z3D}^{model2}}{dB_{z3D}^{model2}} \cdot dB_{z1D}^{model2} + dB_{z1D}^{model2} \tag{2.6}$$

式中，dB_z 为双模型方法计算得到的垂直方向磁感应强度随时间的变化率。进一步乘以发射磁矩(发射电流和发射线框面积的乘积)可以得到垂直方向感生电动势。根据需要，求 dB_z 对时间的积分可以得到垂直方向磁感应强度 B_z。

瞬变电磁三维正演双模型方法计算流程如下。

(1) 将正演模型 model1 简化为层状模型，建立正演模型的背景模型 model2。

(2) 对正演模型 model1 进行三维瞬变电磁有限差分正演计算，得到磁感应强度随时间的变化率 $\mathrm{d}\boldsymbol{B}_{z3D}^{\mathrm{model1}}$。

(3) 对背景模型 model2 进行三维瞬变电磁有限差分正演计算，得到磁感应强度随时间的变化率 $\mathrm{d}\boldsymbol{B}_{z3D}^{\mathrm{model2}}$。

(4) 对背景模型 model2 进行一维瞬变电磁场正演计算，得到背景模型的磁感应强度随时间的变化率 $\mathrm{d}\boldsymbol{B}_{z1D}^{\mathrm{model2}}$。

(5) 将 $\mathrm{d}\boldsymbol{B}_{z3D}^{\mathrm{model1}}$、$\mathrm{d}\boldsymbol{B}_{z3D}^{\mathrm{model2}}$ 和 $\mathrm{d}\boldsymbol{B}_{z1D}^{\mathrm{model2}}$ 代入式 (2.6)，得到双模型方法的磁感应强度随时间的变化率的计算结果 $\mathrm{d}\boldsymbol{B}_z$，进一步乘以发射磁矩可以得到垂直方向的感生电动势。根据需要，求 $\mathrm{d}\boldsymbol{B}_z$ 对时间的积分，可以得到垂直方向磁感应强度 $\boldsymbol{B}_z$。

通过 Newman 等 (1986) 建立的均匀半空间含低阻体模型验证双模型方法的正演效果。模型如图 2.34(a) 所示，在 10Ω·m 均匀半空间介质中存在一个电阻率为 0.5Ω·m、尺寸为 30m×40m×100m 的长方体异常体，埋深 30m。发射回线边长 100m，发射电流 1A，接收点位于发射回线中心。根据正演模型建立背景模型，如图 2.34(b) 所示，均匀半空间模型电阻率为 10Ω·m。

首先采用双模型方法进行正演计算，其模型网格数量设置为 $x×y×z=91×91×50$。为了对比各算法的计算精度，用三维时域有限差分算法 (finite difference time domain method, FDTD) 进行了正演计算，其模型网格数量分别设置为 $x×y×z=301×301×200$ 和 $x×y×z=91×91×50$，计算结果分别表示为 TEM3DFDTD(301×301×200) 和 TEM3DFDTD(91×91×50)。

图 2.34(c) 为正演结果对比。图中除了 TEM3DFDTD(301×301×200)、TEM3DFDTD(91×91×50) 和双模型方法计算结果，还给出了 Wang 等 (1993) 的计算结果。由图可见：①双模型方法计算结果与 Wang 等 (1993) 的计算结果一致，TEM3DFDTD(91×91×50) 的计算结果与 Wang 等 (1993) 的计算结果偏差较大 (特别是晚期数据)，说明在相同模型网格数量下，双模型方法计算精度显著高于常规有限差分算法正演结果；②采用三维有限差分正演算法，模型网格数量设置为 301×301×200 时，计算结果与 Wang 等 (1993) 计算结果一致，而双模型方法 (91×91×50) 也取得了与 Wang 等 (1993) 一致的计算结果。

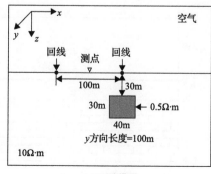

(a) 正演模型

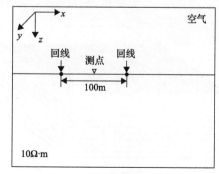

(b) 背景模型

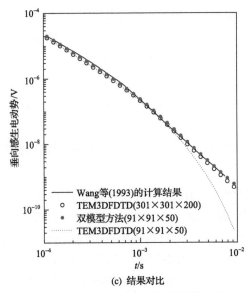

(c) 结果对比

图 2.34 Newman 模型及计算结果对比

说明采用双模型方法可以在保证计算精度的前提下减少模型网格数量，进而提高计算效率。

本次有限差分算法正演和双模型方法正演基于同一台计算机(32GB 内存)完成，TEM3DFDTD(301×301×200)计算用时 804min，双模型方法(91×91×50)正演模型计算用时 19min，背景模型计算用时 19min，总用时为 38min。在取得相似精度的条件下，双模型方法计算时间约为常规有限差分算法的 1/21。

2. 瞬变电磁场响应特征

1) 陷落柱模型

按表 2.1 中所给地电参数建立不同尺寸的陷落柱模型，开展瞬变电磁场三维数值模拟。观测系统如图 2.35 所示，发射线圈采用 600m×600m 的矩形发射回线，测线位于发

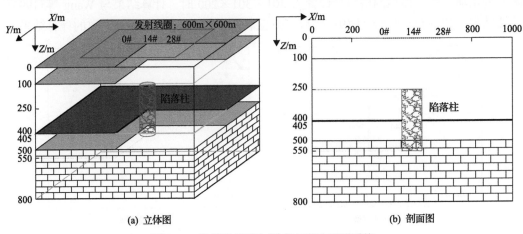

图 2.35 陷落柱模型与瞬变电磁法观测系统

射线圈中部 1/2 范围,测线长度 280m,测点间距 10m,共 29 个测点(标记为 0#~28#测点)。发射线圈位于陷落柱的正上方,14#接收点位于陷落柱在地表投影的中心位置。

图 2.36 为陷落柱模型(直径 100m)不同时刻过测线剖面的磁场强度 H_z 等值线图,发射磁矩已归一化为 $1m^2 \cdot A$。可以看出,在关断后 0.13575ms 之前二次场尚未受到陷落柱影响。之后,因为涡旋电流在陷落柱中扩散速度相对较慢,二次场强度中心逐渐向陷落柱转移。随着继续向深部扩散和衰减,二次场受陷落柱的影响逐渐减弱。至关断后 19.1215ms 二次场强度中心开始离开陷落柱向更深处扩散,强度也趋于均匀。

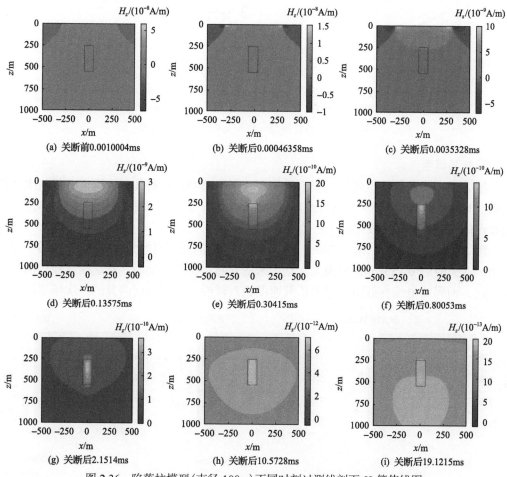

图 2.36 陷落柱模型(直径 100m)不同时刻过测线剖面 H_z 等值线图

图 2.37 为陷落柱模型三维瞬变电磁场模拟结果,发射磁矩已归一化为 $1m^2 \cdot A$。由图 2.37(a)可见,含导水陷落柱模型相比无陷落柱模型二次场增大,陷落柱直径 200m 时最大异常幅度达到 40%。随着陷落柱直径减小异常幅度减小,陷落柱直径 100m 时最大异常幅度为 2.3%。图 2.37(b)为多测道曲线图(陷落柱直径 100m 模型),时间范围为 0.1~20ms。横坐标为测线,纵坐标为二次场强度。由图可见,早期道沿测线的二次场是非均匀的,当采用基于回线中心点的一维正演算法进行视电阻率计算或反演计算时,这种变化会对计算结果产生一定程度的影响。在中后期,靠近陷落柱的测点二次场强度相对较强,会形成向

上略微凸起的二次场异常形态。陷落柱边界位置不存在二次场的突变，陷落柱对各测点二次场的影响是渐变的，二次场异常范围大于实际陷落柱范围。

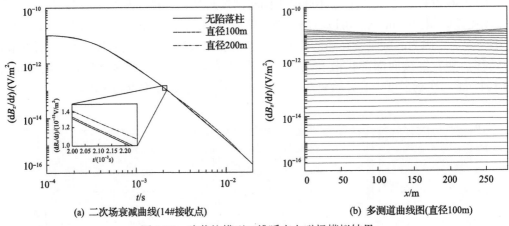

(a) 二次场衰减曲线(14#接收点) (b) 多测道曲线图(直径100m)

图 2.37　陷落柱模型三维瞬变电磁场模拟结果

2) 断层模型

按表 2.2 中所给地电参数建立不同落差的断层模型，并对其开展瞬变电磁三维数值模拟。观测系统与图 2.35 陷落柱模型观测系统相同，发射线圈位于断层的正上方，14#接收点位于断层在地表投影的中心位置。

图 2.38 为断层模型(落差 20m)不同时刻过测线剖面的磁场强度 H_z 等值线图。可以看出，在关断后 0.13575ms 之前二次场尚未受到断层影响。之后，断层两盘地层的电阻率不同，而涡旋电流在低阻地层中扩散速度相对较慢，导致断层两盘的二次场逐渐产生

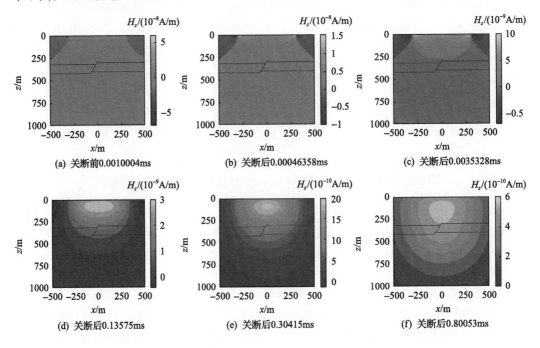

(a) 关断前0.0010004ms (b) 关断后0.00046358ms (c) 关断后0.0035328ms

(d) 关断后0.13575ms (e) 关断后0.30415ms (f) 关断后0.80053ms

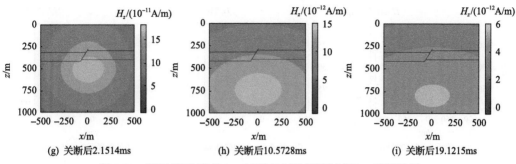

(g) 关断后2.1514ms (h) 关断后10.5728ms (i) 关断后19.1215ms

图 2.38 断层模型(落差 20m)不同时刻过测线剖面 H_z 等值线图

差异。随着继续向深部扩散和衰减，二次场受断层的影响逐渐减弱。至关断后 19.1215ms 二次场趋于均匀大地背景场。

图 2.39 为断层模型三维瞬变电磁模拟结果(落差 20m)。由图 2.39(a)可见，含导水断层模型相比无断层模型二次场增大，断层落差 20m 模型最大异常幅度为 1.1%。图 2.39(b)为多测道曲线图(断层落差 20m 模型)，时间范围为 0.1~20ms。由图可见，早期道沿测线的二次场是非均匀的。在中后期，靠近断层的测点二次场强度相对较强，形成向上略微凸起的二次场异常形态。断层边界位置不存在二次场的突变，采空区对各测点二次场的影响是渐变的，二次场异常范围大于实际断层范围。

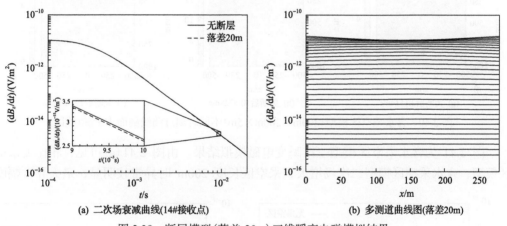

(a) 二次场衰减曲线(14#接收点) (b) 多测道曲线图(落差20m)

图 2.39 断层模型(落差 20m)三维瞬变电磁模拟结果

3)采空区模型

按表 2.3 所给地电参数建立不同尺度的采空区模型，并对其开展瞬变电磁三维数值模拟。观测系统与图 2.35 陷落柱模型观测系统相同，发射线圈位于采空区的正上方，14# 接收点位于采空区在地表投影的中心位置。

图 2.40 为含水采空区模型(200m×200m×5m)不同时刻过测线剖面的磁场强度 H_z 等值线图，从图中可以看出，在关断后 0.13575ms 之前二次场尚未受到采空区影响。之后，因为涡旋电流在采空区中扩散相对较慢，二次场强度中心逐渐向采空区转移。随着继续向深部扩散和衰减，二次场受采空区的影响逐渐减弱。至关断后 19.1215ms，二次场强度中心开始离开采空区向更深处扩散，强度也趋于均匀。

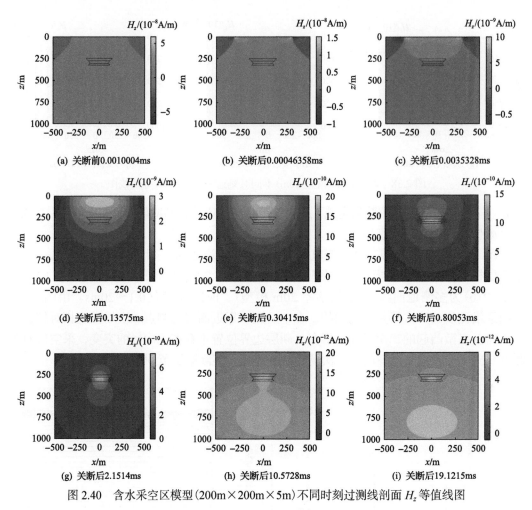

图 2.40　含水采空区模型（200m×200m×5m）不同时刻过测线剖面 H_z 等值线图

　　图 2.41 为含水采空区模型三维瞬变电磁模拟结果。由图 2.41（a）可见，相比无采空区模型，含水采空区模型二次场增大，采空区长度 200m 时异常较明显，最大异常幅度

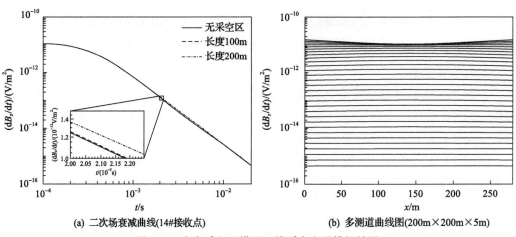

图 2.41　含水采空区模型三维瞬变电磁模拟结果

达到 15.3%。随着采空区长度减小异常幅度迅速减小，长度为 100m 时最大异常幅度为
0.8%。图 2.41(b) 为多测道曲线图(200m×200m×5m)，时间范围为 0.1～20ms。由图可
见，在中后期靠近采空区的测点二次场强度相对较强，形成向上略微凸起的二次场异常
形态。采空区边界位置不存在二次场的突变，采空区对各测点二次场的影响是渐变的，
二次场异常范围大于实际采空区范围。

综上所述，导水通道(含水陷落柱、断层和采空区)的存在均会使二次场强度增大，
导水通道尺寸越大产生的二次场异常越大。因为导水通道通常异常幅度小、体积效应大，
仅根据二次场形态难以确定导水通道类型和位置，需进行反演或联合反演等进一步数据
处理。

2.3.2　可控源音频大地电磁场响应特征

1. 基于非结构化有限元的数值模拟

可控源音频大地电磁法的场源、场和观测系统在本质上是三维的，所以解决其三维
正演问题有助于提高对该方法的认识和理解。可控源音频大地电磁场三维数值模拟方法
包括积分方程法(汤井田等，2018)、有限差分法(翁爱华等，2012)和有限元法(王若等，
2014)等。其中，有限元法对网格剖分的要求较灵活，能够有效地处理三维复杂问题，但
可控源音频大地电磁场三维有限元数值模拟大多采用结构化网格单元剖分(薛云峰等，
2011；徐志锋等，2010)，这种网格模拟复杂地质模型(如起伏地形、倾斜界面等)时，在
电性边界处会产生较大的几何离散误差，并最终影响视电阻率数值解的精度。为此，本
书采用非结构化网格有限元法开展可控源音频大地电磁场三维数值模拟。

1) 麦克斯韦方程组

在准静态近似下，取时谐因子为 $e^{-i\omega t}$，频率域麦克斯韦方程可以表示为(纳比吉安，
1992)

$$\nabla \times \boldsymbol{E} = -i\omega\mu_0\boldsymbol{H} \tag{2.7}$$

$$\nabla \times \boldsymbol{H} = J_s + \sigma\boldsymbol{E} \tag{2.8}$$

$$\nabla \cdot \boldsymbol{B} = 0 \tag{2.9}$$

$$\nabla \cdot \boldsymbol{D} = \rho \tag{2.10}$$

式中，$\boldsymbol{E}$ 为电场强度；$\boldsymbol{H}$ 为磁场强度；$\boldsymbol{B}$ 为磁感应强度；$\boldsymbol{D}$ 为电位移矢量；ρ 为电荷
密度；μ_0 为真空中的磁导率；ω 为角频率；J_s 为电偶极子源的电流密度；σ 为地下介质
的电导率。

将可控源音频大地电磁场分解为均匀半空间或水平层状介质的一次场 $\boldsymbol{E}_p$ 和 $\boldsymbol{H}_p$，即
背景场及异常体产生的二次场的 $\boldsymbol{E}_s$ 和 $\boldsymbol{H}_s$，此时对式 (2.7) 两端同时取旋度，并将式 (2.8)
代入得到二次电场的偏微分方程：

$$\nabla \times \nabla \times \boldsymbol{E}_s = i\omega\mu_0\sigma\boldsymbol{E}_s + i\omega\mu_0\sigma_s\boldsymbol{E}_p \tag{2.11}$$

式中，一次场可以由一维数值计算得到。由于计算区域较大，可认为二次电场在外边界为零。因此，二次电场 E_s 满足的边值问题为

$$\begin{cases} \nabla \times \nabla \times \boldsymbol{E}_s = \mathrm{i}\omega\mu_0\sigma\boldsymbol{E}_s + \mathrm{i}\omega\mu_0\sigma_s\boldsymbol{E}_p \\ \boldsymbol{E}_s = 0, \quad \in \Gamma \end{cases} \tag{2.12}$$

对于式(2.12)所示的边值问题，基于广义变分原理可以推导得到相应的变分问题：

$$\begin{cases} F(\boldsymbol{E}_s) = \dfrac{1}{2}\int_V [(\nabla \times \boldsymbol{E}_s)^2 - \mathrm{i}\omega\mu_0\sigma\boldsymbol{E}_s \cdot \boldsymbol{E}_s - \mathrm{i}\omega\mu_0\sigma_s\boldsymbol{E}_p \cdot \boldsymbol{E}_s]\mathrm{d}V \\ \delta F(\boldsymbol{E}_s) = 0 \end{cases} \tag{2.13}$$

2) 散度条件

在电磁场节点有限元数值模拟中，离散计算区域时只要求插值函数连续，但是对其导数未作任何要求，这种条件下获得的电场解存在伪解情况(金建铭，1998)。进一步研究表明，这种解不满足散度条件。对电场来说，它不满足 $\nabla \cdot \boldsymbol{E} = -\nabla \cdot (\boldsymbol{J}/(\mathrm{i}\omega))$，在无源时不满足 $\nabla \cdot (\varepsilon\boldsymbol{E}) = 0$。因此，为了消除方程的伪解，在电磁场求解过程中强制加入散度条件 $\nabla \cdot \boldsymbol{E} = 0$，对电场进行约束。所以，对于式(2.13)所示的变分问题经过散度校正之后为

$$\begin{cases} F(\boldsymbol{E}_s) = \dfrac{1}{2}\int_V [(\nabla \times \boldsymbol{E}_s)^2 - \mathrm{i}\omega\mu_0\sigma\boldsymbol{E}_s \cdot \boldsymbol{E}_s - \mathrm{i}\omega\mu_0\sigma_s\boldsymbol{E}_p \cdot \boldsymbol{E}_s]\mathrm{d}V + \dfrac{1}{2}\int_V (\nabla \cdot \boldsymbol{E}_s)^2\mathrm{d}V \\ \delta F(\boldsymbol{E}_s) = 0 \end{cases} \tag{2.14}$$

3) 有限单元法

对于四面体剖分单元，场值 u 可以用形函数表示为

$$u = N_1u_1 + N_2u_2 + N_3u_3 + N_4u_4 = \sum_{i=1}^{4} N_i u_i \tag{2.15}$$

式中，N_i 为插值时采用的形函数；u_i 为单元中四个角点的待定场值。单元中任意点处的异常电场三分量可以表示为

$$\begin{cases} \boldsymbol{E}_{sx} = \displaystyle\sum_{i=1}^{4} N_i E_{sxi} = \boldsymbol{N}^{\mathrm{T}}\boldsymbol{E}_x \\ \boldsymbol{E}_{sy} = \displaystyle\sum_{i=1}^{4} N_i E_{syi} = \boldsymbol{N}^{\mathrm{T}}\boldsymbol{E}_y \\ \boldsymbol{E}_{sz} = \displaystyle\sum_{i=1}^{4} N_i E_{szi} = \boldsymbol{N}^{\mathrm{T}}\boldsymbol{E}_z \end{cases} \tag{2.16}$$

电场 $\boldsymbol{E}$ 是矢量，那么 $\boldsymbol{E}_s = E_{sx}\boldsymbol{e}_x + E_{sy}\boldsymbol{e}_y + E_{sz}\boldsymbol{e}_z$，可以得到

$$\boldsymbol{E}_s = \boldsymbol{N}^{\mathrm{T}}\left(\boldsymbol{E}_x\boldsymbol{e}_x + \boldsymbol{E}_y\boldsymbol{e}_y + \boldsymbol{E}_z\boldsymbol{e}_z\right) \tag{2.17}$$

$$\delta E_{\mathrm{s}} = N^{\mathrm{T}} \left(\delta E_x e_x + \delta E_y e_y + \delta E_z e_z \right) \tag{2.18}$$

所以对于方程(2.14)所示的泛函方程，有

$$\delta F(E_{\mathrm{s}}) = \frac{1}{2} \int_V [(\nabla \times \delta E_{\mathrm{s}}) \cdot (\nabla \times E_{\mathrm{s}}) - \mathrm{i}\omega\mu_0 \sigma E_{\mathrm{s}} \cdot \delta E_{\mathrm{s}} - \mathrm{i}\omega\mu_0 \sigma_{\mathrm{s}} E_{\mathrm{p}} \cdot \delta E_{\mathrm{s}}] \mathrm{d}V$$
$$+ \int_V (\nabla \cdot E_{\mathrm{s}}) \cdot (\nabla \cdot \delta E_{\mathrm{s}}) \mathrm{d}V = 0 \tag{2.19}$$

分别计算式(2.19)中的各项积分，最终可以得到以下矩阵形式：

$$K_e E_{\mathrm{s}} = P \tag{2.20}$$

式中，K_e 为大型的稀疏对称矩阵；P 为由背景场确定的源矢量和边界条件。

通过求解以上方程组就可以得到各节点异常电场值，随后计算得到相应的二次磁场和总场。此时，地面某点的卡尼亚视电阻率为

$$\rho = \frac{1}{\omega\mu} \frac{|E_x|^2}{|H_y|^2} \tag{2.21}$$

2. 可控源音频大地电磁场响应特征

1) 陷落柱模型

按照表 2.1 中所给地电参数建立不同尺寸的陷落柱模型，开展可控源音频大地电磁场三维数值模拟。图 2.42 为可控源音频大地电磁法观测系统的平面布置图，发射源沿 X 方向布设，长度为 2000m，取发射源中心为坐标原点(0,0,0)，陷落柱中心在地表的投影坐标为(0,4500,0)，沿 X 方向布设 5 条长度为 600m 的测线，测线间距为 50m，Y=4400m、4450m、4500m、4550m、4600m，正演频率范围为 1~8192Hz，以 2 的整数次幂分布，共 14 个频率。正演模拟计算采用非结构化网格剖分，四面体最小的边长为 5m。下面主要研究不同直径(20m、50m 和 100m)陷落柱模型的三维可控源音频大地电磁场响应特征。

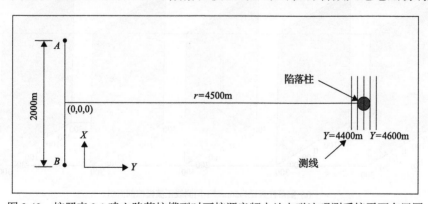

图 2.42 按照表 2.1 建立陷落柱模型时可控源音频大地电磁法观测系统平面布置图

图 2.43 为不同测线陷落柱模型可控源音频大地电磁场三维数值模拟结果，各测线剖面图横坐标为测点位置，纵坐标为视深度，视深度是根据趋肤深度公式计算得到的。

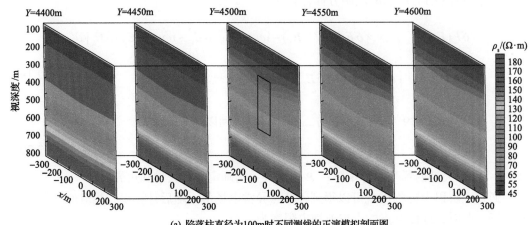

(a) 陷落柱直径为100m时不同测线的正演模拟剖面图

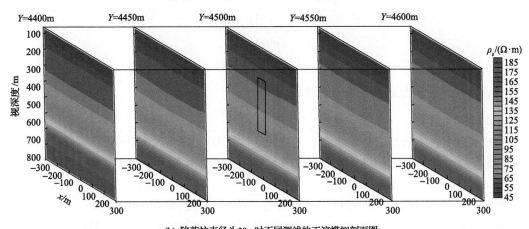

(b) 陷落柱直径为50m时不同测线的正演模拟剖面图

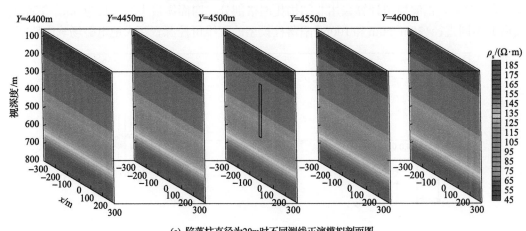

(c) 陷落柱直径为20m时不同测线正演模拟剖面图

图 2.43　不同直径陷落柱正演模拟剖面图

图 2.43(a)为陷落柱直径为 100m 时的正演模拟剖面图。可以看出，在主测线(Y=4500m)上陷落柱低阻异常反应最明显，其异常响应幅度明显大于旁侧测线。图 2.43(b)为陷落柱直径为 50m 时的正演模拟剖面图。可以看出，其异常响应规律与陷落柱直径为 100m 时基本一致，但陷落柱的异常响应已经变得非常微弱。图 2.43(c)为陷落柱直径为 20m 时的正演模拟剖面图。可以看出，陷落柱的异常响应极其微弱。综合图 2.43(a)～(c)不难发现，陷落柱的异常响应随其直径减小而迅速减弱，说明可控源音频大地电磁法的分辨能力随着陷落柱的直径减小而逐渐降低。

2) 断层模型

按照表 2.2 中地电参数建立不同落差的断层模型，开展可控源音频大地电磁场三维数值模拟。图 2.44 为断层模型可控源音频大地电磁三维场数值模拟结果，横坐标为测点位置，纵坐标为视深度，视深度是根据趋肤深度公式计算得到的。图 2.44(a)为断层落差 20m 时的正演模拟结果。从视电阻率拟断面图可以看出，在断层所在位置处，断层两侧视电阻率等值线呈现一定幅度的电性差异。图 2.44(b)为断层落差 10m 时的正演模拟结果。分析此图可以看出，断层的存在引起的视电阻率差异在断层两侧已经变得非常微弱。图 2.44(c)为断层落差 5m 时的正演模拟结果。可以看出，视电阻率基本呈层状分布，是正常的地层反应。对比图 2.44 中三种模型异常响应不难发现，当断层落差变小时，其异常响应迅速变小，分辨率迅速降低。

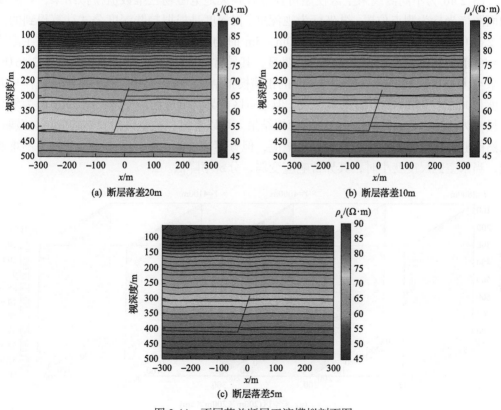

图 2.44 不同落差断层正演模拟剖面图

3) 采空区模型

按照表 2.3 中所给地电参数建立不同尺寸的采空区模型,开展可控源音频大地电磁场三维数值模拟。图 2.45 为本次观测系统的平面布置图,发射源沿 X 方向布设,长度为 2000m,取发射源中心为坐标原点(0,0,0),采空区中心在地表的投影坐标为(0,4000,0),沿 X 方向共布设 5 条测线,测线长度为 600m,测线间距为 100m,分别为 Y=3800m、Y=3900m、4000m、4100m 以及 4200m。

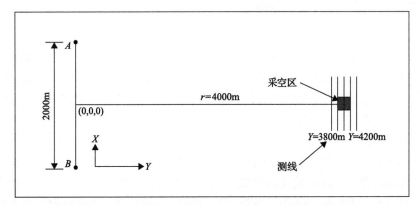

图 2.45 按照表 2.3 建立采空区模型时可控源音频大地电磁法观测系统平面布置图

图 2.46 为不同测线采空区模型可控源音频大地电磁场三维数值模拟结果,各测线剖面图横坐标为测点位置,纵坐标为视深度,视深度是根据趋肤深度公式计算得到的。图 2.46(a)为采空区尺寸为 200m×200m×5m 时的正演模拟结果。可以看出,在主测线(Y=4000m)上采空区低阻异常响应最明显,其异常响应幅度大于旁侧测线。图 2.46(b)为采空区尺寸为 100m×100m×5m 时的正演模拟结果。可以看出,其异常响应规律与大尺度(200m×200m×5m)时基本一致,但采空区的异常响应已经变弱。图 2.46(c)为采空区尺寸为 50m×50m×5m 时的正演模拟结果。可以看出,采空区的异常响应更加微弱,虽然能够在视电阻率图中观察到异常响应,但分辨率较低。综合图 2.46(a)~(c)不难发现,当采空区尺度变小时,其异常响应变弱,分辨率降低。

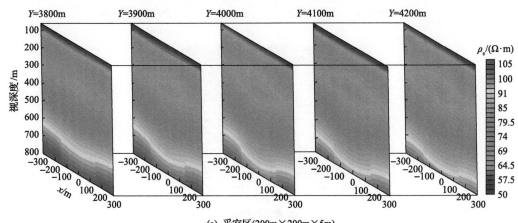

(a) 采空区(200m×200m×5m)

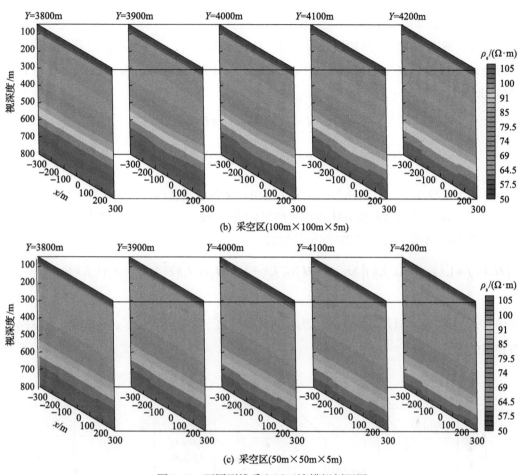

(b) 采空区(100m×100m×5m)

(c) 采空区(50m×50m×5m)

图 2.46　不同测线采空区正演模拟剖面图

2.3.3　音频大地电磁场响应特征

1. 基于有限差分的数值模拟

大地电磁场三维正演方法主要包括积分方程法、有限差分法和有限元法等(Nam et al.，2007；谭捍东等，2003)，目前在实际中应用最广泛的三维正演方法是有限差分法。有限差分法是一种重要的求偏微分方程数值解的计算方法，其基本思想是把连续的定解区域用有限个离散点构成的网格来代替，将每一处导数用有限差分近似公式代替，从而把求解偏微分方程的问题转换成求解代数方程的问题。20 世纪 70 年代初，有限差分法应用到大地电磁法正演数值模拟计算中，并成为一种最主要的音频大地电磁数值模拟方法。Egbert 等(2012)采用交错网格有限差分法进行正演，开发了成熟的电磁法正反演开源程序。霍光谱等(2015)利用有限差分法实现了带地形大地电磁各向异性二维模拟。秦策等(2017)提出了基于二次场算法的三维大地电磁法交错网格有限差分算法。

1) 交错网格有限差分法

音频大地电磁测深法的频段通常在 $1 \sim 10 \text{kHz}$ 范围内，频率范围内位移电流的作用可以忽略。设电磁场随时间的变化因子为 $\text{e}^{-\text{i}\omega t}$，则麦克斯韦方程组的积分形式如下（Mackie et al.，1993）：

$$\oint \boldsymbol{H} \cdot \text{d}\boldsymbol{l} = \iint \boldsymbol{J} \cdot \text{d}\boldsymbol{S} = \iint \sigma \boldsymbol{E} \cdot \text{d}\boldsymbol{S} \tag{2.22}$$

$$\oint \boldsymbol{E} \cdot \text{d}\boldsymbol{l} = \iint \text{i}\mu\omega \boldsymbol{H} \cdot \text{d}\boldsymbol{S} \tag{2.23}$$

式中，σ 为电导率；μ 为磁导率；ω 为角频率；$\boldsymbol{J}$ 为电流密度；将所研究的区域剖分成长方体块，$\boldsymbol{H}$ 定义为沿着长方体块边界的平均值；$\sigma \boldsymbol{E}$ 定义为长方体块表面中心的平均值，如图 2.47 所示，则式（2.22）的 x 分量为

$$\left[\boldsymbol{H}_z(i,j+1,k) - \boldsymbol{H}_z(i,j,k)\right]\Delta z_{(k)} - \left[\boldsymbol{H}_y(i,j,k+1) - \boldsymbol{H}_y(i,j,k)\right]\Delta y_{(j)} = \boldsymbol{J}_x(i,j,k)\Delta z_{(k)}\Delta y_{(j)} \tag{2.24}$$

式中，$\Delta y_{(j)}$ 和 $\Delta z_{(k)}$ 以及后面的 $\Delta x_{(i)}$ 为长方体的宽度、高度和长度。y 分量和 z 分量同样有相似的等式。

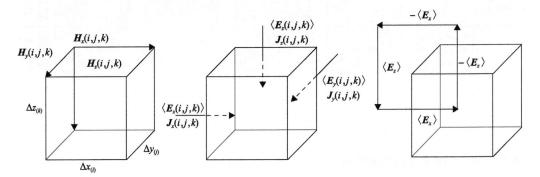

图 2.47　基于麦克斯韦方程组积分形式的差分方程几何图形

定义电场 $\boldsymbol{E}$ 作为长方体块每个表面的平均值，每块电阻率为 $\rho(i,j,k)$，磁导率近似为空气中磁导率 μ_0，因为 $\boldsymbol{J}$ 是连续的，则由式（2.24）可得到

$$\boldsymbol{E}_x(i,j,k) = \frac{1}{2}\left[\rho_{xx}(i,j,k) + \rho_{xx}(i-1,j,k)\right]\boldsymbol{J}_x(i,j,k) = \bar{\rho}_{xx}\boldsymbol{J}_x(i,j,k) \tag{2.25}$$

式中，$\bar{\rho}_{xx}$ 为平均电阻率。

式（2.23）的 x 分量为

$$\left[\boldsymbol{E}_z(i,j,k) - \boldsymbol{E}_z(i,j-1,k)\right]\frac{\Delta z_{(k-1)} + \Delta z_{(k)}}{2} - \left[\boldsymbol{E}_y(i,j,k) - \boldsymbol{E}_y(i,j,k-1)\right]$$

$$\times \frac{\Delta y_{(j-1)} + \Delta y_{(j)}}{2} = \text{i}\omega\bar{\mu}_{xx}(i,j,k)\frac{\Delta z_{(k-1)} + \Delta z_{(k)}}{2}\frac{\Delta y_{(j-1)} + \Delta y_{(j)}}{2} \cdot \boldsymbol{H}_x(i,j,k) \tag{2.26}$$

此处平均磁导率 $\bar{\mu}_{xx}$ 定义为

$$\bar{\mu}_{xx} = \frac{1}{4}\Big[\bar{\mu}_{xx}(i,j-1,k-1) + \bar{\mu}_{xx}(i,j,k-1) + \bar{\mu}_{xx}(i,j-1,k) + \bar{\mu}_{xx}(i,j,k)\Big] \quad (2.27)$$

利用式(2.24)、式(2.25)结合 y 和 z 分量，消除式(2.26)中的 E，可得

$$
\begin{aligned}
\mathrm{i}\omega\bar{\mu}_{xx}(i,j,k) = \bar{\rho}_{zz}&\left\{\frac{1}{\Delta x_{(i)}}\Big[H_y(i+1,j,k) - H_y(i,j,k)\Big] - \frac{1}{\Delta y_{(j)}}\Big[H_x(i,j+1,k) - H_x(i,j,k)\Big]\right.\\
&\left.-\frac{1}{\Delta x_{(i)}}\Big[H_y(i+1,j-1,k) - H_y(i,j-1,k)\Big] + \frac{1}{\Delta y_{(j-1)}}\Big[H_x(i,j,k) - H_x(i,j-1,k)\Big]\right\}\\
&\times\frac{2}{\Delta y_{(j)} + \Delta y_{(j-1)}} - \bar{\rho}_{yy}\left\{\frac{1}{\Delta z_{(k)}}\Big[H_y(i,j,k+1) - H_y(i,j,k)\Big] - \frac{1}{\Delta x_{(i)}}\Big[H_z(i+1,j,k) - H_z(i,j-1,k)\Big]\right.\\
&\left.-\frac{1}{\Delta z_{(k)}}\Big[H_y(i,j,k) - H_y(i,j,k-1)\Big] + \frac{1}{\Delta x_{(i)}}\Big[H_z(i+1,j,k-1) - H_z(i,j,k-1)\Big]\right\}\times\frac{2}{\Delta z_{(k)} + \Delta z_{(k-1)}}
\end{aligned}
$$

$$\quad (2.28)$$

式(2.28)是关于 H 的二阶方程，$\bar{\rho}_{yy}$、$\bar{\rho}_{zz}$ 为平均电阻率。因此，也可以得出相似的 y 和 z 分量磁场方程，把三个方程写成矩阵的形式，为

$$
AX = \begin{bmatrix} K_{xx} & K_{xy} & K_{xz} \\ K_{yx} & K_{yy} & K_{yz} \\ K_{zx} & K_{zy} & K_{zz} \end{bmatrix}\begin{bmatrix} H_x \\ H_y \\ H_z \end{bmatrix} = b \quad (2.29)
$$

式中，b 包含源场和已知边界值相关的项。式(2.29)是一个复数对称稀疏方程。若给出研究区域的边界条件，对稀疏矩阵进行不完全楚列斯基(Cholesky)分解，并用双共轭梯度稳定法解出 H，再通过式(2.24)和式(2.25)即可解出 E。

2)边界条件

对于上边界的边界条件场值可以直接采用采样点的源场值；对于下边界的边界条件，将下边界以下半空间介质设为均匀半空间或者层状介质，利用一维正演即可求得(Madden et al.，1989)。

其余四个侧边的边界条件可以通过二维正演得到。在边界处取与三维介质边界层网格相同的电阻率和网格剖分建立二维模型，并针对不同的极化模式进行二维正演计算，即可得到四个侧边界上边界场值的分布。

以模型域左侧边界为例，即 $y=0$，$j=1$ 时，利用基于磁场的离散化麦克斯韦方程组，计算 $H_x(i,2,k)$ 需要用到平行于边界的磁场 $H_x(i,1,k)$ 和垂直于边界的磁场 $H_y(i,1,k)$ 及 $H_y(i+1,1,k)$；而计算 $H_z(i,2,k)$ 则需要用到垂直于边界的磁场 $H_y(i,1,k)$ 和 $H_y(i,1,k+1)$，即分别需要在边界处计算二维正演的 TE 模式和 TM 模式来取得。同样，其余侧边边界

条件可以采用二维大地电磁法在不同模式下正演计算求得(董浩等,2014)。

2. 音频大地电磁场响应特征

1)陷落柱模型

按表 2.1 中所给地电参数建立不同尺寸的陷落柱模型,开展音频大地电磁场三维数值模拟。音频大地电磁场数值模拟测线总长度 600m,测线穿过陷落柱在地表投影的中心,测点距在陷落柱正上方为 10m,陷落柱以外为 50m,共 21 个测点。正演模拟频率范围为 $1\sim10^4$Hz,每个数量级等分为 8 个频点。

图 2.48 为不同直径(100m、50m 和 20m)陷落柱模型的三维音频大地电磁场 TE 和 TM 数值模拟结果。图 2.48(a)为直径 100m 陷落柱的数值模拟结果。可以看出,在 x=300m、频率 $10^2\sim10^3$Hz 范围内,视电阻率等值线向下凹陷,是陷落柱的响应。当异常体直径减小为 50m 和 20m 时,视电阻率等值线近乎水平,难以分辨出陷落柱引起的视电阻率变化,如图 2.48(b)和(c)所示。

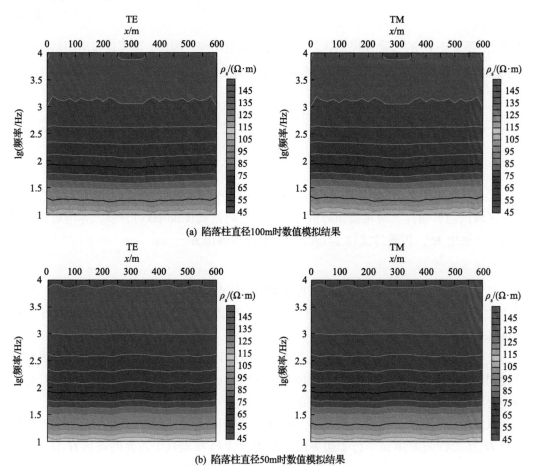

(a) 陷落柱直径100m时数值模拟结果

(b) 陷落柱直径50m时数值模拟结果

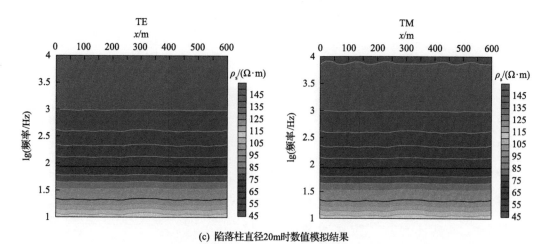

(c) 陷落柱直径20m时数值模拟结果

图 2.48 不同直径陷落柱模型的三维音频大地电磁场正演模拟结果

2）断层模型

按照表 2.2 中所给地电参数建立不同落差的三维断层模型，对其进行音频大地电磁场数值模拟。测点布置和正演模拟频点等参数与陷落柱模型相同。下面给出不同落差（20m、10m 和 5m）断层模型的三维音频大地电磁场 TE 和 TM 的响应特征。

图 2.49（a）为断层落差 20m 时音频大地电磁场正演模拟结果，由视电阻率拟断面图可以看出，在 $x=300m$、频率为 100Hz 附近，视电阻率等值线与其他频段内等值线有所差别，说明对于断层落差为 20m 时，正演模拟结果存在一定程度的异常响应；断层落差减小为 10m 时，等值线仍然存在一定扭曲，如图 2.49（b）所示；当断层落差为 5m 时，几乎看不到断层引起的视电阻率变化，说明随着断层落差减小，其异常响应变弱，分辨率降低，如图 2.49（c）所示。

3）采空区模型

按照表 2.3 中所给地电参数建立的采空区三维模型，并对其进行音频大地电磁场数值场模拟。测点布置和正演模拟频点等参数与陷落柱模型相同，数值模拟结果如图 2.50所示。由图 2.50（a）和（b）可见，当含水采空区尺寸为 200m×200m×5m 和 100m×100m×

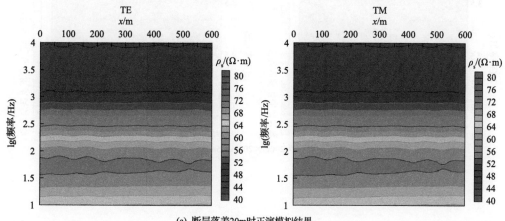

(a) 断层落差20m时正演模拟结果

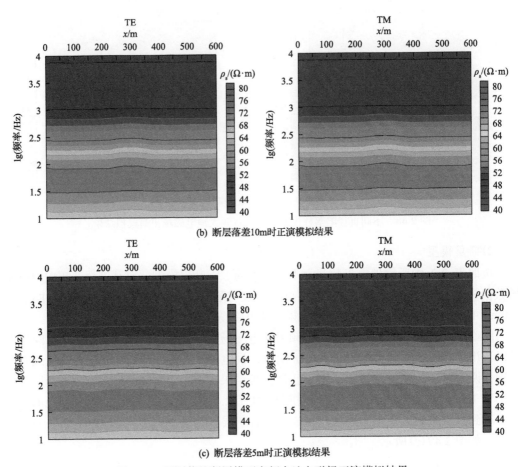

(b) 断层落差10m时正演模拟结果

(c) 断层落差5m时正演模拟结果

图 2.49　不同落差断层模型音频大地电磁场正演模拟结果

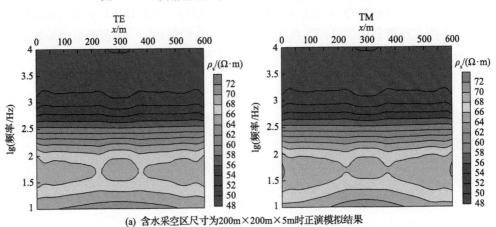

(a) 含水采空区尺寸为200m×200m×5m时正演模拟结果

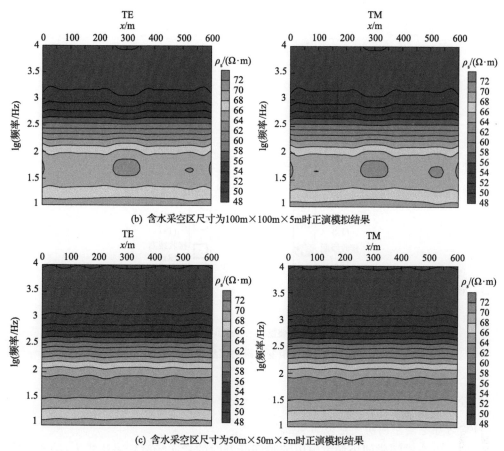

(b) 含水采空区尺寸为100m×100m×5m时正演模拟结果

(c) 含水采空区尺寸为50m×50m×5m时正演模拟结果

图 2.50 不同尺寸含水采空区模型音频大地电磁场正演模拟结果

5m 时，在 x=300m、频率为 1000Hz 附近，视电阻率等值线明显向下凹陷，反映了积水采空区的存在。当采空区尺寸缩小为 50m×50m×5m 时，采空区的异常响应变得微弱。

2.3.4 钻孔瞬变电磁场响应特征

钻孔瞬变电磁法(borehole transient electromagnetic method,BTEM)是将发射线圈和接收线圈均放置于钻孔中，通过灵活调整线圈位置与方向，进行沿钻孔轴线方向或沿钻孔径向扫描探测，实现钻孔径向一定范围内隐蔽地质异常体的全方位、高精度和高分辨率探测与定位。该方法可以充分利用地面钻孔或井下掘进工作面超前探水钻孔，突破了传统测井类方法存在的对钻孔径向一定距离的含水地质体(指含水裂隙带、含水断层破碎带、含水陷落柱、积水采空区等导水通道)的空间分辨率及定位精度低的技术瓶颈，具有广阔的应用前景。钻孔瞬变电磁法主要装置有共轴偶极装置和共面偶极装置，具体装置形式如图 2.51 所示。受钻孔空间限制，钻孔瞬变电磁法超小线圈装置激励电磁场能量较弱，严重制约了其沿钻孔径向的探测深度。本节结合磁芯线圈与钻孔瞬变电磁法的特点，采用磁芯线圈激励电磁场，提出钻孔瞬变电磁法磁芯线圈扫描探测方法，即对钻孔孔壁进行 360°扫描，形成钻孔径向全方位探测，提高对含水地质体定位精度。

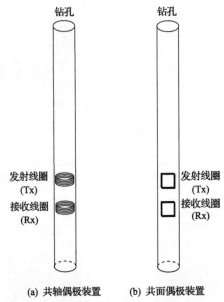

(a) 共轴偶极装置　　(b) 共面偶极装置

图 2.51　钻孔瞬变电磁法探测装置示意图

1. 全空间瞬变电磁场理论

1) 均匀导电全空间瞬变电磁场响应

均匀导电全空间磁偶极源供电电流瞬间断开时的二次场解析表达式为（纳比吉安，1992）

$$B_z(t) = \frac{\mu M}{4\pi r^3}\left\{\left[3\mathrm{erf}(\theta r) - \left(\frac{4}{\sqrt{\pi}}\theta^3 r^3 + \frac{6}{\sqrt{\pi}}\theta r\right)\mathrm{e}^{-\theta^2 r^2}\right]\left(\frac{xz}{r^2}u_x + \frac{yz}{r^2}u_y + \frac{z^2}{r^2}u_z\right)\right.$$
$$\left. - \left[\mathrm{erf}(\theta r) - \left(\frac{4}{\sqrt{\pi}}\theta^3 r^3 + \frac{2}{\sqrt{\pi}}\theta r\right)\mathrm{e}^{-\theta^2 r^2}\right]u_z\right\} \tag{2.30}$$

式中，μ 为磁导率（H/m），可近似取为真空磁导率 μ_0；$M=NIS$ 为发射磁矩，N 为发射线圈匝数，I 为发射电流（A），S 为发射线圈面积（m^2）；r 为磁偶极源与观测点的距离（m）；$\theta = \sqrt{\dfrac{\mu}{4\rho t}}$，$\rho$ 为均匀导电全空间的电阻率（$\Omega\cdot\mathrm{m}$），t 为延迟观测时刻（s），定义 $t=0$ 时刻为电流开始关断处；$\mathrm{erf}(\theta r) = \dfrac{2}{\sqrt{\pi}}\displaystyle\int_0^{\theta r}\mathrm{e}^{-\eta^2}\mathrm{d}\eta$ 为误差函数。

式 (2.30) 两边同时对时间求导数可得磁感应强度对时间变化率的表达式为

$$\frac{\mathrm{d}B_z(t)}{\mathrm{d}t} = -\frac{\mu M \theta^3}{\pi^{3/2} t}\left[\theta^2 r^2\left(\frac{xz}{r^2}u_x + \frac{yz}{r^2}u_y + \frac{z^2}{r^2}u_z\right) + \left(1 - \theta^2 r^2\right)u_z\right]\mathrm{e}^{-\theta^2 r^2} \tag{2.31}$$

2）全空间磁偶极源全区视电阻率计算

为了计算全区视电阻率，需要对式(2.30)和式(2.31)进行变换，定义

$$Z = \theta r = \frac{r}{2}\sqrt{\frac{\mu}{\rho t}} \tag{2.32}$$

此时，电阻率可以表示为

$$\rho = \frac{r^2 \mu}{4t} \frac{1}{Z^2} \tag{2.33}$$

式中，ρ 即称为全区视电阻率。推导全空间赤道平面内瞬变响应为

$$B_z = \frac{\mu M}{4\pi r^3} Y(Z) \tag{2.34}$$

$$\frac{\partial B_z}{\partial t} = \frac{\mu M}{\pi^{3/2} t r^3} Y'(Z) \tag{2.35}$$

其中

$$Y(Z) = -\left[\text{erf}(Z) - \frac{2}{\sqrt{\pi}} Z(2Z^2 + 1)e^{-Z^2} \right] \tag{2.36}$$

$$Y'(Z) = Z^3(1 - Z^2)e^{-Z^2} \tag{2.37}$$

$Y(Z)$ 和 $Y'(Z)$ 分别称为全空间条件下 B_z 和 $\partial B_z / \partial t$ 的核函数（白登海等，2003）。通过二分搜索算法求解式(2.33)~式(2.35)就可以得到 B_z 和 $\partial B_z / \partial t$ 定义的全区视电阻率 ρ 和 ρ'（姜国庆等，2014）。

3）全空间瞬变电磁时深转换算法

全空间条件下电磁场垂直扩散速度 v_s 和深度 D 为（于景邨等，2007）

$$v_s = \alpha \frac{\sqrt{\gamma}}{\sigma_i \mu a} \left\{ C_1 + \left(C_1^2 + 2 \right)^{1/2} + \left[1 + C_1 / \left(C_1^2 + 2 \right)^{1/2} \right] \gamma C_2 \right\} \tag{2.38}$$

$$D = v_s t_i \tag{2.39}$$

式中

$$C_1 = \frac{3\sqrt{\pi}}{4}\left[1 - \frac{\gamma}{4} - \sum_{k=2}^{+\infty} \frac{(2k-3)!!}{k!(k+1)!}\left(\frac{\gamma}{2} \right)^k \right] \tag{2.40}$$

$$C_2 = \frac{3\sqrt{\pi}}{4} \sum_{k=0}^{+\infty} \frac{(2k-1)!!}{k!(k+1)!}\left(\frac{\gamma}{2} \right)^k \tag{2.41}$$

其中，$\gamma = \sigma_i \mu a^2 / (4t_i)$，$a$ 为发射回线半径，t_i 为采样延迟时间；σ_i 为 t_i 时刻对应的电导率；α 为全空间响应系数，取值为 1.4～2.5 (杨海燕等，2015)。

2. 钻孔瞬变电磁场数值模拟

钻孔瞬变电磁场三维数值模拟常用方法包括有限差分法、有限元法、积分方程法和有限体积法。有限元法是求解偏微分方程边值问题近似解的数值方法，支持非结构化网格离散求解域，对于复杂的几何体模型，其所产生的网格能够准确地模拟复杂边界和高电导率对比度的情况 (薛国强等，2021；王健等，2016)。考虑到钻孔瞬变电磁法地电模型中几何体尺寸差异较大且结构相对复杂的特点，本节选择有限元法进行钻孔瞬变电磁法电磁场响应数值模拟。

1) 有限元正演算法

在准静态条件下，忽略位移电流，时间域电磁场满足的麦克斯韦方程组为 (纳比吉安，1992)

$$\nabla \times \boldsymbol{H} = \boldsymbol{J} + \boldsymbol{J}_s \tag{2.42}$$

$$\nabla \times \boldsymbol{E} = -\frac{\partial \boldsymbol{B}}{\partial t} \tag{2.43}$$

$$\nabla \cdot \boldsymbol{D} = 0 \tag{2.44}$$

$$\nabla \cdot \boldsymbol{B} = 0 \tag{2.45}$$

式中，$\boldsymbol{H}$ 为磁场强度；$\boldsymbol{B}$ 为磁感应强度；$\boldsymbol{E}$ 为电场强度；$\boldsymbol{D}$ 为电位移矢量；$\boldsymbol{J}$ 为场源激发的传导电流密度；$\boldsymbol{J}_s$ 为场源电流密度。

与其对应的三个状态方程为

$$\boldsymbol{J} = \sigma\boldsymbol{E}, \ \boldsymbol{B} = \mu\boldsymbol{H}, \ \boldsymbol{D} = \varepsilon\boldsymbol{E} \tag{2.46}$$

式中，σ 为电导率；μ 为磁导率；ε 为介电常数。

引入磁矢量势 $\boldsymbol{A}$，令

$$\boldsymbol{B} = \nabla \times \boldsymbol{A} \tag{2.47}$$

可以推导磁矢量势 $\boldsymbol{A}$ 的亥姆霍兹方程为

$$\nabla \times (\nabla \times \boldsymbol{A}) + \mu\sigma\frac{\partial \boldsymbol{A}}{\partial t} = \mu\boldsymbol{J}_s \tag{2.48}$$

根据伽辽金 (Galerkin) 加权余量法，式 (2.48) 可以变换为 (张永超等，2019)

$$\iiint_{\Omega} [(\nabla \times \boldsymbol{A}) \cdot (\nabla \times \boldsymbol{N}) + \mu\sigma\frac{\partial}{\partial t}(\boldsymbol{A} \cdot \boldsymbol{N})]\mathrm{d}V = \iint_{\Omega} \mu(\boldsymbol{J}_s \cdot \boldsymbol{N})\mathrm{d}V \tag{2.49}$$

式中，$\boldsymbol{N}$ 为矢量基函数；Ω 为模型区域。

利用式(2.49)经过单元分析和求解有限元离散方程，可以得到各个单元节点的磁矢量势 A，进而利用式(2.47)可以计算磁感应强度 B。

2) 模型建立

建立钻孔全空间三维地质-地球物理模型(地电模型)，如图 2.52 所示，采用有限元法进行钻孔外围含水地质体电磁场响应三维数值模拟。定义全空间模型尺寸为 $500m \times 500m \times 500m$，地面中心点坐标定义为 $(0,0,0)$，围岩电阻率 (ρ_0) 为 $200\Omega \cdot m$；竖直钻孔的孔口位于 $(0,0,0)$，轴向沿 Z 轴，长度为 300m，直径为 0.08m，钻孔中充填空气，空气电阻率 (ρ_a) 为 $10000\Omega \cdot m$；含水地质体尺寸为 $20m \times 20m \times 20m$，电阻率 (ρ_1) 为 $1\Omega \cdot m$，含水地质体位于钻孔的沿 X 轴正方向，其中心距离钻孔 20m，中心坐标为 $(20,0,200)$。共轴偶极装置发射线圈(Tx)与接收线圈(Rx)采用直径 0.05m 的多匝圆形线圈；共面偶极装置采用与共轴偶极装置面积等效的多匝线圈。两种装置发射线圈均为 500 匝，接收线圈均为 1000 匝。

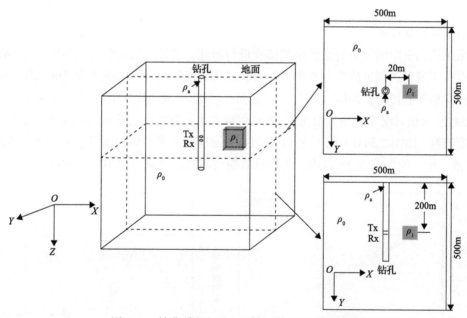

图 2.52 钻孔瞬变电磁法三维地质-地球物理模型

3) 网格剖分

三维有限元法数值模拟中，模型剖分后的网格节点质量直接决定了求解精度。钻孔瞬变电磁法三维地质-地球物理模型中线圈的直径仅为厘米级，而围岩、异常体及钻孔的尺寸均为数百米或数十米，尺度差异显著，这就对三维有限元网格剖分提出了更高的要求。在对钻孔瞬变电磁法模型进行剖分时，小尺度的磁芯线圈是网格分布最密集的区域，网格的分布受到狭窄区域尺寸和增长率的影响，随着增长率增大，网格质量降低，计算的精度变低，同时网格数量减少，计算的稳定性增强。本节三维网格剖分主体采用自由四面体网格，同时，采用"自由三角形网格"和"边"等网格结构对钻孔中磁芯线圈进行网格加密及规范化，改善狭窄区域的网格质量。图 2.53 为钻孔瞬变电磁法模型网格剖分示意图。其中，图 2.53(a)为全空间模型网格剖分，图 2.53(b)为磁芯线圈网格剖分。

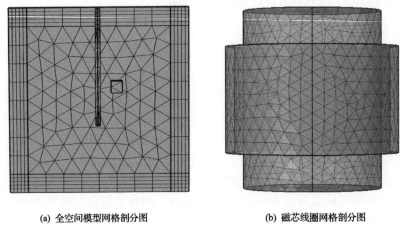

(a) 全空间模型网格剖分图　　　　　　　(b) 磁芯线圈网格剖分图

图 2.53　钻孔瞬变电磁法模型网格剖分示意图

4) 计算精度验证

采用均匀全空间模型对数值模拟精度进行验证，设置均匀全空间电阻率为 $200\Omega\cdot m$，观测点位于发射磁偶极的赤道平面上，磁偶极源与观测点之间的距离为 2m。图 2.54 为数值模拟精度验证对比曲线。其中，图 2.54(a)为感应电动势数值解与解析解对比曲线，图 2.54(b)为相对误差曲线。由图 2.54(a)可以看出，数值解与解析解的曲线基本重合，吻合度较高；由图 2.54(b)可以看出，数值模拟感应电动势与解析解的相对误差早期均在 4%以内，中、晚期均在 2%以内，说明计算精度较高，能满足数值模拟的需要。

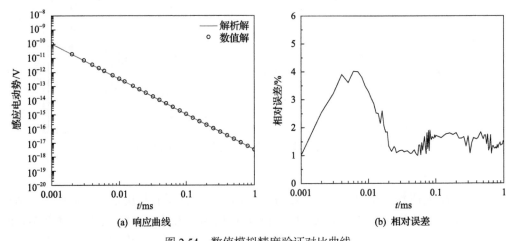

(a) 响应曲线　　　　　　　　　　　(b) 相对误差

图 2.54　数值模拟精度验证对比曲线

3. 钻孔瞬变电磁场响应特征

1) 多点探测模式含水地质体瞬变电磁场响应特征

建立图 2.52 所示的三维地电模型，沿钻孔轴线方向等间隔布置测点，开展沿钻孔轴

线方向的共轴偶极和共面偶极装置多点探测。其中，共轴偶极装置线圈轴向与钻孔轴线
（Z轴）一致；共面偶极装置线圈呈垂直放置（YOZ平面）。图 2.55 为钻孔中多点探测示意
图，测点从（0,0,160）到（0,0,240）以 10m 间隔进行布设，点距 10m，共 9 个测点。磁芯长
度 0.06m，直径 0.04m，收发距 2m，记录点为发射线圈与接收线圈的中心点，对每个测
点分别计算 0.001～1ms 的瞬变电磁场响应，并通过全区视电阻率计算和时深转换等进行
视电阻率成像。

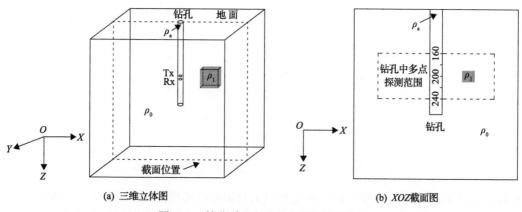

(a) 三维立体图 　　　　　(b) XOZ截面图

图 2.55　钻孔瞬变电磁法多点探测示意图

图 2.56 为共轴偶极装置多点探测数值模拟及视电阻率成像结果。其中，图 2.56(a)
为多测道曲线图，图中横坐标为测点号，纵坐标左侧标注为感应电动势，右侧标注为测
道时间；图 2.56(b)为视电阻率断面图，图中纵坐标为测点号，横坐标为探测距离，正方
形为理论模型中含水地质体位置。由图 2.56(a)可以看出，多测道曲线图上 190～210m
测点的中、晚期感应电动势明显升高，该测段与理论模型中含水地质体位置相对应，说
明含水地质体引起瞬变电磁场衰减变慢，感应电动势增强，异常特征较明显。由图 2.56(b)
可以看出，成像剖面图上 190～210m 段存在一处明显的低阻异常区，异常区低阻特征明
显。通过与理论模型对比可以看出，共轴偶极装置多点探测结果能够准确地反映含水地

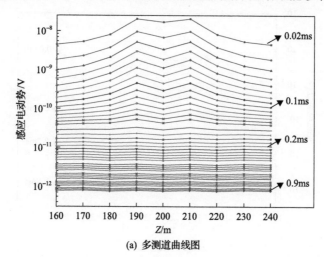

(a) 多测道曲线图

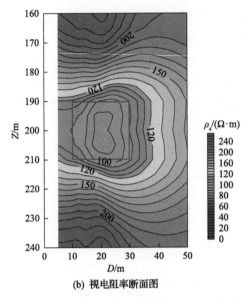

(b) 视电阻率断面图

图2.56 共轴偶极装置多点探测数值模拟及视电阻率成像结果

质体沿钻孔轴线方向的位置,但在钻孔径向上与实际位置存在一定的误差。模拟数据的视电阻率成像结果充分证明了钻孔瞬变电磁法共轴偶极装置多点探测的有效性。

图2.57为共面偶极装置多点探测数值模拟及视电阻率成像结果。其中,图2.57(a)为多测道曲线图,图2.57(b)为视电阻率断面图,图中正方形为理论模型中含水地质体位置。由图2.57(a)可以看出,多测道图上190~210m测点的中、晚期感应电动势明显升高,感应电动势峰值对应模型中含水地质体的中心,通过与共轴偶极装置多测道曲线图(图2.56(a))对比可以看出,共面偶极装置对含水地质体中心的定位更为准确,而共轴偶极装置对含水地质体整体形态和边界的刻画更为准确。由图2.57(b)可以看出,成像剖面图上190~210m段存在一处明显的低阻异常区,低阻异常区中心与理论模型中含水地质体中心相吻合,验证了共面偶极装置多点探测的有效性。与共轴偶极装置视电阻率断面

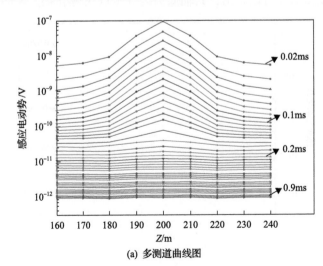

(a) 多测道曲线图

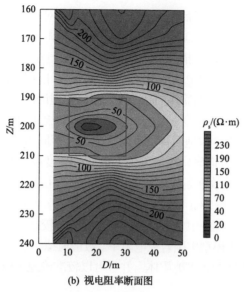

(b) 视电阻率断面图

图 2.57 共面偶极装置多点探测数值模拟及视电阻率成像结果

图(图 2.56(b))相比,共面偶极装置视电阻率断面图上含水地质体位置的视电阻率更趋近理论模型电阻率,且对含水地质体的径向边界反映较好,而对沿钻孔轴线方向的边界反映相对于共轴偶极装置来说偏差要大。共轴偶极装置视电阻率断面图对含水地质体整体形态的反映更为准确,两种装置各有优势。

2) 扫描探测模式含水地质体响应特征

建立图 2.52 所示的三维地电模型,采用共面偶极装置沿钻孔径向扫描探测进行数值模拟。图 2.58 为钻孔瞬变电磁法扫描探测模式示意图,扫描位置在钻孔中(0,0,200),对应含水地质体的中心,根据瞬变电磁法多匝小线圈探测的方向性特征,以发射线圈和接收线圈的法线方向作为探测方向。考虑到在未对发射线圈和接收线圈进行屏蔽的条件下,360°探测中是沿 Y 轴方向呈对称的。定义扫描位置所在 XOY 平面的 Y 轴负向为-90°方向,X 轴正向为 0°方向,Y 轴正向为 90°方向,以 10°间隔进行扫描,共 19 个角度,如图 2.58(b)

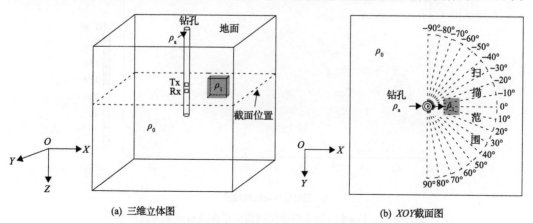

(a) 三维立体图

(b) XOY 截面图

图 2.58 钻孔瞬变电磁法沿钻孔径向方向扫描探测示意图

所示。设置磁芯长度 0.06m，直径 0.04m，收发距 2m，对每个测点分别计算 0.001～1ms 的瞬变电磁场响应，并通过全区视电阻率计算、时深转换和坐标转换等进行视电阻率成像。

图 2.59 为钻孔瞬变电磁法扫描探测数值模拟结果。其中，图 2.59(a) 为感应电动势曲线，根据理论模型的对称性，图中仅给出 0°～90° 方向的计算曲线；图 2.59(b) 为钻孔瞬变电磁法扫描探测视电阻率成像断面图，图中红色方框为理论模型中含水地质体位置。由图 2.59(a) 可以看出，扫描探测各角度在 0.01～0.1ms 均出现感应电动势衰减速率显著降低的异常响应特征，为钻孔外围含水地质体的反映。通过对不同角度探测结果进行对比可以看出，正对含水地质体的 0° 方向异常响应最强，而随着角度逐渐增大，异常响应逐渐减弱，根据异常幅值的差异可以大致推断含水地质体的方位。由图 2.59(b) 可以看出，扇形图上 −10～10m 段，距离钻孔 12～28m 存在一处低阻异常区，异常区内视电阻率明显小于围岩，并且低阻异常区位置与理论模型中含水地质体的位置吻合较好。受含水地质体影响，扇形图上观测背景视电阻率略小于模型中围岩视电阻率。数值模拟结果表明，钻孔瞬变电磁法扫描探测可以有效识别钻孔周围的含水地质体，并且可以较准确地定位含水地质体的空间位置。

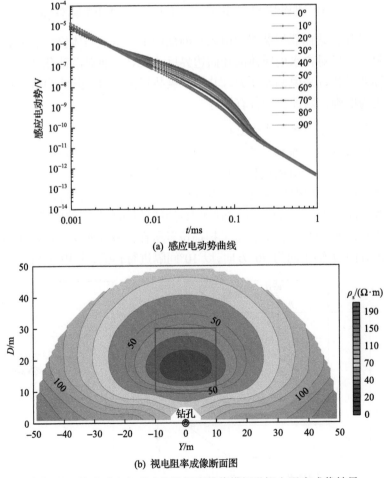

(a) 感应电动势曲线

(b) 视电阻率成像断面图

图 2.59　钻孔瞬变电磁法扫描探测数值模拟及视电阻率成像结果

第 3 章

导水通道地-空电磁法精细探测技术

电磁法主要包括地面电磁法、航空电磁法、地-空电磁法、地面-钻孔瞬变电磁法和矿井瞬变电磁法。其中，地-空电磁法既有地面电磁法一次场干扰小、勘探深度大、数据信噪比高的优点，又有航空电磁法能够适应复杂地形地质条件、工作效率高、探测成本低的优势，近年来得到较快发展并在导水通道探测中得到了成功应用。本章介绍基于多频多源发射和时频融合的导水通道地-空电磁精细探测技术。

3.1 地-空时频融合电磁探测原理与方法

地-空电磁法（ground-airborne electromagnetic method，GAEM），又称为半航空电磁法（semi-airborne electromagnetic method，SAEM），是继地面电磁法、航空电磁法等之后的又一种新的电磁探测方法。

地-空电磁法利用地面大功率人工电磁源作为激励场源，通过空中采集磁场信号，实现对地下电性结构的快速勘查，如图 3.1 所示。地-空电磁法原理与地面电磁法相似，当地下存在电性异常体时，大地中的感应电磁场信号与不含异常体时的电磁场信号存在差异，通过分析采集到的电磁场信号可以得到地下电性结构分布信息。地-空电磁法分为地-空时间域电磁法和地-空频率域电磁法。地-空时间域电磁法是利用接地导线或不接地回线向地下发射脉冲信号，利用接收线圈接收随时间变化的瞬变信号。地-空频率域电磁法是利用接地导线或不接地回线发射谐变电磁信号，利用接收线圈接收不同位置、不同频率的电磁信号。

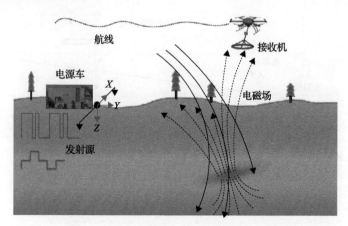

图 3.1 地-空时频域电磁法工作原理示意图

1. 地-空时间域电磁探测

地-空时间域电磁探测系统常采用铺设在地面的接地长导线作为发射源，并向其中通以电流建立一次场，发射电流一般为周期性矩形脉冲；在电流关断后，利用搭载在飞行器上的接收传感器观测由关断电流激发的垂直方向感应电磁场，分析感应电磁场包含的信息得到地下电性结构的分布。该方法主要适用于中浅层的低阻地质异常体勘探（20～600m），其特点是施工效率高以及抗干扰能力较强等。为实现高强度信号测量，测区与发射源距离通常较近，一般设置为 10^2～10^3m，观测系统如图 3.2 所示。

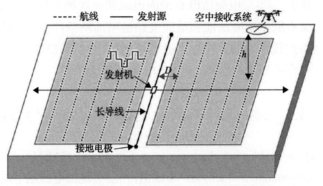

图 3.2　地-空时间域电磁法工作布置示意图

2. 地-空频率域电磁探测

地-空频率域电磁探测在地面布置发射源，发射电流一般为多频伪随机脉冲；同时在空中观测垂直磁场分量，该方法对地下低阻地质体更加灵敏。频率范围一般为 1～10000Hz，其理论勘探深度在 2km 左右。但实际上受发射功率限制，同时由于接收机是悬吊于飞行器下方观测，其低频运动噪声会覆盖一定范围的低频有效信号，对观测深度和范围带来一定影响，最大探测深度视其可解释的最低频率决定。为满足平面波条件，测区与发射源距离通常较远，一般设置为 10^3～10^4m，观测系统如图 3.3 所示。

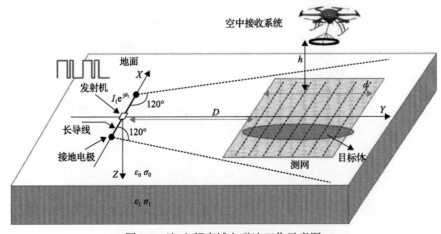

图 3.3　地-空频率域电磁法工作示意图

3. 地-空时频融合电磁探测

地-空时频融合电磁探测技术在近源区与远源区分别进行时间域和频率域测量,利用时间域在近区测量实现中浅部地下电性结构探测、频率域在远区测量实现中深部地下电性结构探测的特点,通过时间域与频率域在探测区域和探测深度上的互补性,实现全区域、大深度范围电磁探测,地-空时频融合探测示意图如图 3.4 所示。

图 3.4　地-空时频融合探测示意图

3.2　基于多频多源发射的数据采集技术

3.2.1　多源发射技术

根据激励源的不同,地-空电磁法包括大回线源装置、接地导线源装置和多源装置三种装置类型。其中,多源装置可以增强采集信号强度,增大对地探测深度,削弱随机噪声,减小电性源体积效应的影响。当多个源发射相同波形时,电磁场遵循矢量叠加原理。下面重点分析典型组合源布置方式下垂直磁场的响应特征,即发射源布置在观测区一侧,双源布设方向平行,走向一致。针对这种双源激励方式,建立统一的仿真模型,如图 3.5

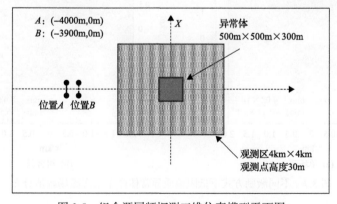

图 3.5　组合源同频探测三维仿真模型平面图

所示，分别进行单场源(仅在 A 位置设置导线源)与组合源(在 A、B 位置均设置导线源)激励下电磁场响应的数值模拟。

图 3.6 为不同发射源激励时观测区域内垂直磁场幅值。可以看出，组合源磁场幅值明显高于单场源磁场幅值。但是，要实现对地质异常体的识别，还要衡量存在地质异常体时二次磁场的变化特性。图 3.7 给出了观测区域内不同激励方式下(即单场源激励与多场源激励)低阻地质异常体引起的二次磁场幅值分布(即$|H_z|$)。可以看出，与单场源相比，组合源激励下的电磁信号幅度有明显提升。而在实际探测时，信号幅值的增强可以间接改善数据质量，提高成像解释精度，因此组合源探测模式将有利于实际应用中信噪比的改善以及异常识别能力的提升。

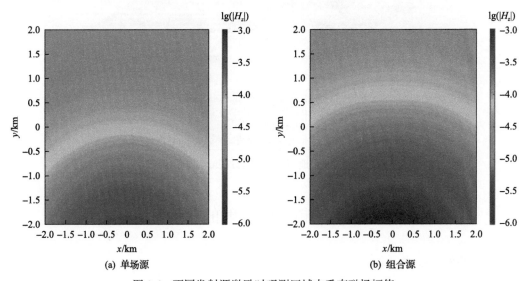

图 3.6 不同发射源激励时观测区域内垂直磁场幅值

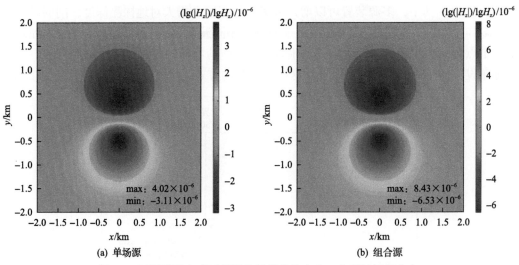

图 3.7 不同激励方式下低阻地质异常体产生二次磁场幅值分布

3.2.2　多频发射技术

常规电磁测量发射系统，通常采用方波作为发射波形，如图 3.8(a)所示，其技术简单，便于实现，频率设置灵活。图 3.8(b)为其频谱特性。可以看出，采用方波作为发射波形时，电流幅度仅在基频处较大，而在谐波处较小，且随着谐波次数的增加，该幅度快速衰减(n 次谐波幅度仅为基频幅度的 $1/n$)。因此，对于不同频率的测量需求，为保证发射电流幅度满足测量条件，即采用当前测量频率下的最大发射电流幅度以激发出较强的电磁信号，常规电磁发射系统在实际测量过程中需对发射电流频率做出多次调整，通过扫频发射实现多频测量，故而测量效率较低，耗时较长。

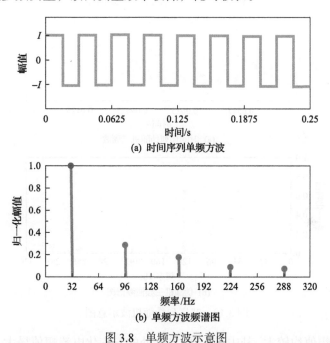

(a) 时间序列单频方波

(b) 单频方波频谱图

图 3.8　单频方波示意图

鉴于上述方波发射波形测量效率较低，采用双频波及 2^n 序列伪随机波作为发射波形，以在有效电流幅度下，提高发射效率。其中，双频波含有两个有效频率成分，通过一次发射可以实现两个频率成分的测量，因此测量效率较方波提高了两倍。其合成原理如图 3.9 所示，具体为将一个低频波(图中红线)和一个高频波(图中绿线)同步合成为一个具有两个频率成分的双频波(图中黄线)，其中 I_L 和 I_H 分别表示低频波和高频波的电流幅度，T_L 和 T_H 分别表示低频波和高频波的周期。由此，双频波的两个频率成分可分别表示为 $f_H=1/T_H$ 和 $f_L=1/T_L$，频率 f_H 处的归一化电流幅度为 $8N/(2N+1)$，频率 f_L 处的归一化电流幅度为 $4/\pi$，N 为周期个数。可见两个频率处的归一化电流幅度均大于 1，可满足大电流激励强信号需求。

2^n 序列伪随机波含有 n 个有效频率成分，一次发射可以实现 n 个频率的测量，因此测量效率较方波可提高 n 倍。图 3.10 为基频为 32Hz 的时间序列伪随机三频波及其频谱特性图。可以看出，基频 32Hz、二次谐波 64Hz 和四次谐波 128Hz(图中圆点所示)

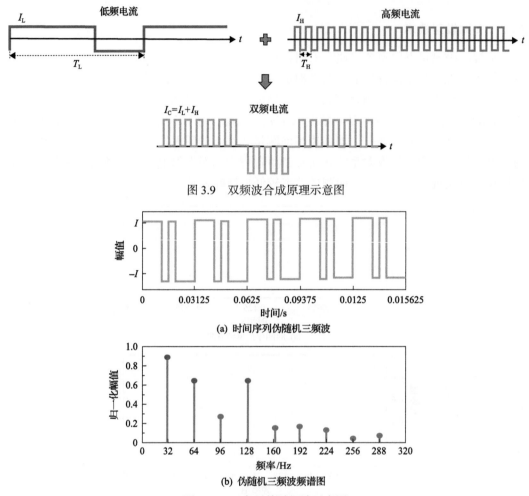

图 3.9　双频波合成原理示意图

(a) 时间序列伪随机三频波

(b) 伪随机三频波频谱图

图 3.10　2^n 序列伪随机波示意图

处的归一化电流幅值均较大。其中，基频 32Hz 处的归一化电流幅值最大，二次谐波 64Hz 处和四次谐波 128Hz 的归一化电流幅值略小，但也明显大于谐波归一化电流幅值的最大值，这说明以上基频、二次谐波、四次谐波即为该伪随机三频波的有效频率成分。同时，基频、二次谐波和四次谐波的归一化电流幅值不同，所以在测量过程中应检测并记录每个发射频率下的电流幅值，以便后续归一化处理。

　　基于上述原理，可采用方波、双频波和 2^n 序列伪随机波相结合的方式作为地-空协同发射策略，在野外实际测量过程中，根据实际需求灵活切换发射波形，具体策略如下。

　　(1) 当测量效率要求较高时，可采用双频波或 2^n 序列伪随机波作为发射波形。其中，双频波归一化电流幅度略优于 2^n 序列伪随机波，但 2^n 序列伪随机波测量效率略高于双频波。在实际测量中，测量效率是一项重要指标，较高的测量效率还可间接提高在同等时间范围内的发射频率个数，以提高仪器测量的纵向分辨率。

　　(2) 当发射电流幅度要求较高时，可牺牲一定的测量效率，采用方波或双频波作为发射波形，以获得更强的电磁信号。在实际测量中，发射电流强度也是一项重要指标，其大小将直接影响电磁信号幅度，而 2^n 序列伪随机波即便在基频处，其归一化电流幅度也略小于 1，弱于方波或双频波。

(3) 在实际测量中，可能存在测量频率在一定范围内密集程度较高的情况。而鉴于双频波和 2^n 序列伪随机波相邻频率差异不可控的特点(以 2^n 序列伪随机波为例，当发射基频较低时，相邻发射频率的差值较小；当发射基频较高时，相邻发射频率的差值较大)，因此当要求相邻测量频率差异较小或测量频率任意可调时，选用方波作为发射波形，以获得对频率变化的精准控制。

3.2.3　数据采集方法

地-空电磁法探测在实际应用中需要进行时间域和频率域探测模式选择，因此需要根据探测方式合理控制数据采集流程，包括收发偏移距的确定、无人机飞行参数设计和现场探测。

1. 收发偏移距的确定

地-空电磁法探测主要观测垂直于地面方向的磁场信号，随着偏移距的增大，信号强度衰减较快，这就导致该方法适合在中近区内观测。

近源区受发射源的一次场影响较大，因此测线与场源距离不宜过小，通常不小于 100m，远源端与场源的距离要视空中接收系统灵敏度而定，但是需要保证信号相应时间道的信噪比大于 10。

2. 飞行参数设计

1) 飞行高度

根据收集的测区地表高程资料设计飞行高度，探测传感器的高度应在无人机飞行高度的基础上减小 15m，而探测传感器的高度应在测区范围内最高障碍物高度的基础上增加 15m，即在理想平地范围允许无人机悬吊传感器飞行高度不得低于 30m。

2) 飞行速度

飞行速度受点距、最低发射频率以及每个点位测量信号的周期个数限制，按照式(3.1)确定：

$$v \leqslant \frac{D \times f_{\mathrm{L}}}{n} \tag{3.1}$$

式中，v 为无人机的平均速度(m/s)；D 为测区内拟测量的点距(m)；f_{L} 为采集信号的最低频率；n 为每个点位测量信号的周期个数，由野外实测信号信噪比确定，通常 n 大于 20。

3) 飞行航线

综合测区整体轮廓和前期地球物理资料以及实际探测要求，航线的设计应遵循以下规则：单次往返航线的距离需满足无人机的单架次续航能力，如果测线过长，应分段进行探测；如果测区地下地质异常体轮廓为带状或者片状（如断裂带、采空区等探测），则测线的走向尽量与异常区域垂直；无人机起飞点尽量选择该区域或该测线的制高点处，尽量确保飞行平台始终在视线范围内。

3. 现场探测

数据采集方式为由无人机吊载接收线圈和接收机，在整个测区内完成现场探测。在进行数据采集时，应遵循以下步骤：完成飞行平台的现场装配及磁罗盘参数校准；将接收机与飞行平台连接；检查无人机情况，确定无人机电池电量为基本满电；按照计划在飞行器地面控制站中设计任务飞行航线；接收到发射端允许采集信号的通知后，接收主机开机，打开接收传感器开关，选择时间域/频率域观测模式，等待定位系统锁定。在地面采集一组数据，并分析数据质量；确认数据质量符合要求后，启动无人机，上传航线；再次运行接收机，开始进行数据采集；探测结束，无人机返航，回收数据；检查数据质量，确定参数设置和数据的有效性。

3.3 基线校正和噪声抑制数据处理方法

3.3.1 低频噪声基线校正技术

地-空接收系统通常为低空飞行，因此受风向和气流影响，飞机姿态变化较大。随着飞机姿态的变化，前置接收线圈会发生摆动并切割地球磁场，导致测得的电磁信号存在低频扰动，称为基线漂移。基线漂移叠加在接收线圈感应的信号上，会降低接收信号的信噪比，导致电阻率成像质量较差，影响反演解释的可靠性。相比于背景噪声和天电噪声，基线漂移的频率较低（<10Hz），干扰较为严重，采用对数据小波分解后的高尺度近似分量对基线漂移进行估计，最终实现消除基线校正的目的。实际探测中，电磁接收机的采样频率为 33kHz，根据奈奎斯特采样定律可知，电磁数据中包含的频率信息为 0～15kHz。根据电磁数据的频率范围和基线漂移的频率确定小波分解的级数为 11 级，通过11 级分解后的尺度系数对基线漂移进行估计，并从实测电磁数据中减去估计出的基线漂移，得到校正后的数据，基线校正如图 3.11 所示。

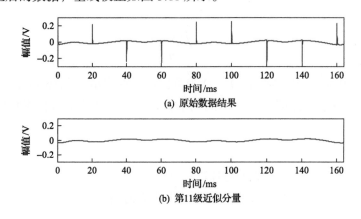

(a) 原始数据结果

(b) 第11级近似分量

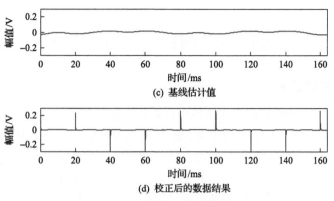

(c) 基线估计值

(d) 校正后的数据结果

图 3.11　地-空电磁数据基线漂移及校正结果

3.3.2　耦合噪声联合抑制技术

在校正基线漂移的基础上,同时对数据中的白噪声和尖峰噪声等多种干扰进行抑制。首先利用小波阈值法从实测数据中去除近似白噪声,然后采用平稳小波变换(stationary wavelet transform,SWT)及其逆小波变换(inverse stationary wavelet transform,ISWT)进行电磁尖峰抑制,电磁噪声抑制结果如图 3.12 所示。

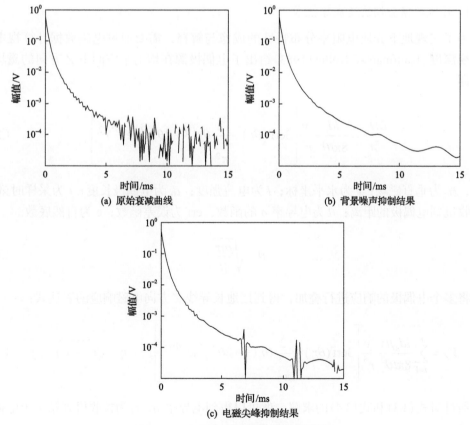

(a) 原始衰减曲线

(b) 背景噪声抑制结果

(c) 电磁尖峰抑制结果

图 3.12　地-空电磁数据噪声抑制效果图

3.4 基于时频融合的成像技术

3.4.1 时频融合成像策略

地-空时频协同探测模式的工作区域可以覆盖远源区和中、近源区。在近源区,采用时间域电磁法观测模式,采集发射电流关断后的大地响应,在地下中浅部结构探测中具有独特优势;在远源区,采用频率域电磁法观测模式,通过发射波形选择方波、双频波或伪随机波等,提高信号强度与探测效率,并间接提升纵向分辨率,有利于中深部地下结构的探测。在实际应用中,探测系统通过实时监测收发距,利用预先设置的收发距阈值判断时频切换区域,实现时频协同探测模式的转换。相对应地,在成像方法上,针对近源区和远源区,分别采用时间域和频率域电磁场与大地电阻率间的全期、全区和非简化关系式,通过正演数据与实测数据的迭代拟合,计算推测不同时间道及不同频率下的地下结构电阻率分布情况,实现全区测量。时频协同探测方式能够有效利用时间域与频率域在探测区域(横向)及探测深度(纵向)上的互补性,实现全空间的三维高效探测。

3.4.2 时频融合成像方法原理

1. 时域数据全期快速成像技术

为了实现地下介质电阻率分布特性的成像与解释,需要通过电磁数据计算视电阻率和视深度。Kaufman 和 Keller(1983)给出了电偶极源在均匀半空间下 Z 方向的磁场响应,即

$$\frac{\partial H_z}{\partial t} = \frac{Id_s}{8\pi t\theta^2}\frac{y}{r^5}\left[3\mathrm{erf}(\theta r) - \frac{2}{\pi^{\frac{1}{2}}}\theta r(3 + 2\theta^2 r^2)\mathrm{e}^{-\theta^2 r^2}\right] \tag{3.2}$$

式中,H_z 为垂直磁场;y 为水平坐标;I 为电流强度;d_s 为电偶极长度;t 为采样时刻;r 为接收机到电偶极的距离;θ 为电导率 σ 的函数;erf 为误差函数;e 为自然底数。

$$\theta = \sqrt{\frac{\mu\sigma}{4t}} \tag{3.3}$$

将多个电偶极的响应进行叠加,得到接地长导线 Z 方向电磁响应的表达式:

$$V_Z = \sum_{i=1}^{n}\frac{Id_s\mu y}{8\pi t\theta^2}\frac{y}{r_i^5}\left[3\mathrm{erf}(\theta r_i) - \frac{2}{\pi^{\frac{1}{2}}}\theta r_i(3 + 2\theta^2 r_i^2)\mathrm{e}^{-\theta^2 r_i^2}\right], \quad r_i = \sqrt{(x - x_i)^2 + y^2} \tag{3.4}$$

通过对式(3.3)和式(3.4)的求解,就可以得到电导率 σ,r_i 为接收机到第 i 个电偶极的距离。

采用扩散深度公式(3.5)对视深度进行计算。其中，t_0 为发射电流关断时间，$\delta(t)$ 为视深度。

$$\delta(t) = \sqrt{\frac{2t - t_0}{\mu\sigma}}, \quad t \geqslant t_0 \tag{3.5}$$

多辐射场源地-空电磁系统磁场强度与电阻率参数之间存在复杂的隐函数关系，导致无法直接得到一个用磁场强度表示的显式关系式来表达视电阻率，因此必须首先研究磁场强度各分量随电阻率的变化规律，确认磁场强度各分量随电阻率变化的单调性，然后基于反函数定理，给出全域视电阻率定义方法。

将磁感应强度分量记为 $B_p(\rho,C,t),(p=x,y,z)$，C 表示空中测点的坐标参数，ρ 表示电阻率。按照实际电阻率覆盖范围，选择某一中间值作为初始值 $\rho_\tau^{(0)}$，在该初始值 $\rho_\tau^{(0)}$ 的邻域内对 $B_p(\rho,C,t)$ 进行泰勒展开，并略去高次项(二次以上视为高次项)可得

$$B_p(\rho,C,t) \approx B_p(\rho_\tau^{(0)},C,t) + B_p'(\rho_\tau^{(0)},C,t)(\rho - \rho_\tau^{(0)}) \tag{3.6}$$

对式(3.6)变换可得

$$\rho = \frac{B_p(\rho,C,t) - B_p(\rho_\tau^{(0)},C,t)}{B_p'(\rho_\tau^{(0)},C,t)} + \rho_\tau^{(0)} \tag{3.7}$$

式(3.7)的迭代格式为

$$\rho_\tau^{(i+1)} = \delta\rho_\tau^{(i)} + \rho_\tau^{(i)}, \quad i = 0,1,2,\cdots \tag{3.8}$$

迭代的终止条件为

$$\left| \frac{B_p(\rho,C,t) - B_p(\rho_\tau^{(i)},C,t)}{B_p(\rho,C,t)} \right| < e \tag{3.9}$$

式中，e 为事先给定的迭代误差限；$B_p(\rho,C,t)$ 为测量的磁场分量；$B_p(\rho_\tau^{(i)},C,t)$ 是电阻率为 $\rho_\tau^{(i)}$ 时的半空间瞬变电磁正演模拟结果。

2. 频域数据全区快速成像技术

常规视电阻率快速成像通常是通过计算远区视电阻率实现的，这种方法是利用远区视电阻率的显式表达式，通过观测电磁场分量直接计算视电阻率，方法简单，易于实现。但是上述表达式忽略了装置系数的影响，因此仅适用于远区数据的快速成像，而对于短偏移距探测数据并不适用。但在实际探测中，短偏移距测量更有利于获得信号幅度更强、信噪比更高的数据，进而有助于提升地下电阻率信息获取的准确性，因此，适用于全测量区域(包括短偏移距和长偏移距)地下电阻率快速成像的技术，将大大拓展电磁探测方法的适用场景(区域)，也将大大降低野外实际测量中对仪器系统布置方式的限制要求，还将大大提升电磁探测数据的可用性。基于此研究了频域数据视电阻率-视深度全区快速

成像方法,利用测量长导线源激发下的全区电磁场响应数据进行地下电阻率的全区快速反演成像。其原理与时域全期快速视电阻率迭代思路类似,基本原理修改为利用频率域电磁场与电阻率之间的关系式即可,即通过快速反演算法,利用所有观测点、所有测量频率下的电磁场响应反向迭代出对应测点、对应深度下的地下电阻率。该反演方法的目标函数是发射源激发的全区电磁场精确解表达式,并非省略了装置系数影响的粗略解,因此适用于全区电磁场数据的应用。

3.4.3 时频融合成像方法应用

为了验证时频融合成像方法的应用效果,首先对图 3.13(a)所示的三维模型中异常体上方测线的模拟数据进行时域全期快速视电阻率计算,结果如图 3.13(b)所示。可以看出,全期快速视电阻率成像结果所反映出的异常位置与模型中实际异常体横向位置较为一致,这说明成像结果较为准确地反映了地下电阻率变化,验证了该方法的正确性和实用性。

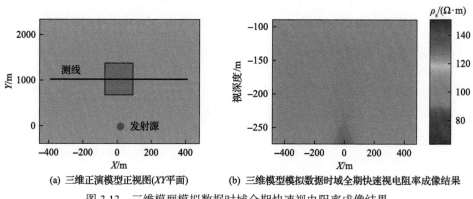

(a) 三维正演模型正视图(XY平面)　　(b) 三维模型模拟数据时域全期快速视电阻率成像结果

图 3.13　三维模型模拟数据时域全期快速视电阻率成像结果

图 3.14 给出了三维模型模拟数据频域全区快速视电阻率成像结果与常规远区成像对比结果。从图 3.14(e)可以看出,特定收发距下,常规远区视电阻率成像方法无法有效反映埋深为 800m 的低阻异常体。这是因为受场源影响,此收发距下,该方法的有效探测视深度仅为 800m 左右,800m 以下出现非常明显的假电阻率异常响应,该假异常会压制异常体产生的真实异常,从而导致 800m 以下的异常体不能被有效识别。相比之下,图 3.14(f)中全区电阻率快速反演成像结果可以很好地反映 800m 以下的低阻异常体,低阻异常横向分布范围也与给定模型中异常体的实际位置吻合度较好,验证了该方法在探测深度和分辨率方面的优势。

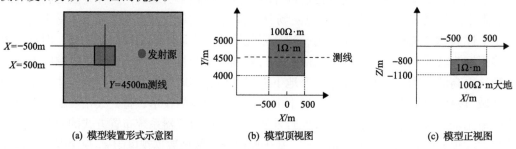

(a) 模型装置形式示意图　　(b) 模型顶视图　　(c) 模型正视图

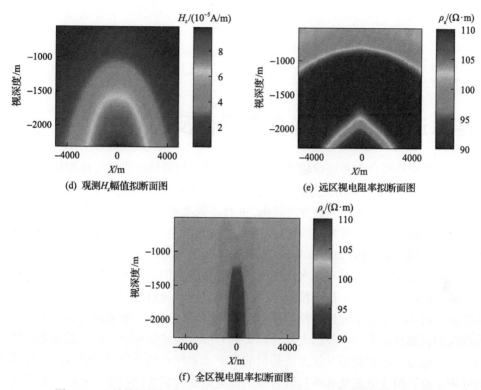

(d) 观测 H_z 幅值拟断面图　　　　　　　(e) 远区视电阻率拟断面图

(f) 全区视电阻率拟断面图

图 3.14　三维模型模拟数据频域全区与远区快速视电阻率成像结果对比图

第4章
导水通道地球物理多场联合反演

联合反演是指联合多种地球物理探测资料，基于地质体的岩石物性和几何参数之间的相互关系，通过同一目标函数和计算过程，反演得到同一(或相似)地球物理模型。因为一种方法的零空间可由另一种方法解出，并且不同类型探测数据受到的干扰因素不同，所以联合反演能够实现各种方法的优势互补，减少多解性，提高探测精度和分辨率(Haber et al., 2013；Moorkamp et al., 2010；Colombo et al., 2007)。

导水通道精细探测既要对导水通道位置进行精确定位，又要对导水通道富水性进行准确判断。目前，由于单一探查技术难以同时确定导水通道的几何形状和富水性对应的物性特征，对小尺度导水通道的精细探测尚难以实现。地面三维地震勘探作为煤矿采区构造勘探的首选技术手段，我国大部分煤矿都开展过相应的探查工作，瞬变电磁法、可控源音频大地电磁法和核磁共振方法是目前煤矿水害探查的常用和有效方法。地震勘探空间分辨率高，瞬变电磁法和可控源音频大地电磁法对富水性敏感，核磁共振方法具有判断岩层含水量的优势，基于地震勘探、瞬变电磁法、可控源音频大地电磁法和核磁共振法的多场联合反演是实现导水通道精细探测很有前景的方法。

4.1 瞬变电磁法与地震联合反演

结合第2章中对导水通道的地震和瞬变电磁场响应特征的研究可以发现，地震勘探可以准确查明导水通道的空间位置和形态，但无法确定其富水性，而瞬变电磁法虽然能够有效探查导水通道的富水性，但其分辨率较低。为了能够充分发挥两种方法的优势，本节研究瞬变电磁法与地震的联合反演方法，主要包括联合反演目标函数的一般公式、交叉梯度函数和单向交叉梯度联合反演算法。最后，以陷落柱模型为例，对该联合反演方法效果进行检验。

4.1.1 瞬变电磁法与地震联合反演方法

1. 联合反演目标函数的一般公式

定义模型参数：

$$m = [m_1, m_2, m_3, \cdots]^T \tag{4.1}$$

式中，m_1、m_2、m_3 分别为不同地球物理方法的模型参数。

联合反演目标函数的一般公式为(Colombo et al., 2007)

$$\Phi = r^{\mathrm{T}}V^{-1}r + \lambda_1 m^{\mathrm{T}}L^{\mathrm{T}}Lm + \lambda_2 m^{\mathrm{T}}Hm + \lambda_3 m^{\mathrm{T}}Wm \tag{4.2}$$

式中,第 1 项 $r^{\mathrm{T}}V^{-1}r$ 代表模拟数据和观测数据的拟合差;第 2 项 $\lambda_1 m^{\mathrm{T}}L^{\mathrm{T}}Lm$ 代表模型的光滑程度;第 3 项 $\lambda_2 m^{\mathrm{T}}Hm$ 代表不同地球物理方法模型之间结构的相似性;第 4 项 $\lambda_3 m^{\mathrm{T}}Wm$ 代表不同地球物理方法模型之间参数的对应关系; λ_1 、 λ_2 和 λ_3 为加权算子,用来调控第 2 项、第 3 项和第 4 项在联合反演中的权重。

第 1 项和第 2 项与单一方法反演中目标函数相似,只是模型参数由一种类型扩展为多种类型。第 3 项和第 4 项分别基于联合反演的两种假设:不同物性参数的空间分布具有相似性,不同物性参数之间存在一定的函数关系,即第 3 项和第 4 项分别对应联合反演的两种方法:几何结构法和岩石物理法。

岩石物理法不同物性参数之间的关系式一般是物理表达式或经验关系式。例如,加德纳(Gardner)公式($\rho = av^{1/4}$)代表了岩石密度 ρ 和纵波速度 v 之间的关系。其中, a 为一个常数系数,可以通过测量大量岩石标本或根据测井资料获得。然而,大多数情况下不同物性参数之间的关系式是难以确定的,有时甚至不存在确定的关系式。如果采用了错误的关系式,则联合反演结果必然也是错误的。对于导水通道,电阻率主要受其富水性控制,而富水性对岩层弹性参数的影响一般较弱,因此导水通道的弹性参数和电阻率参数之间难以存在唯一确定的对应关系,岩石物理法不适用于导水通道探测的联合反演。

相比于岩石物理法,因为电阻率所反映的富水区域与导水通道在几何形态上具有一致性,所以几何结构法在导水通道探测联合反演方面具有适用性和合理性。将式(4.2)中岩石物理法相关的第 4 项去掉,建立只基于几何结构法的联合反演目标函数为

$$\Phi = r^{\mathrm{T}}V^{-1}r + \lambda_1 m^{\mathrm{T}}L^{\mathrm{T}}Lm + \lambda_2 m^{\mathrm{T}}Hm \tag{4.3}$$

在几何结构法中,目前应用最普遍和有效的是交叉梯度法(Gallardo et al., 2003),也是本节采用的方法。

2. 交叉梯度函数

几何结构法基于不同物性参数模型之间几何结构的相似性。在数学上,用物性参数的梯度可以表示模型的结构,关键是怎样表示不同物性参数模型之间结构的相似性。针对这一问题,交叉梯度函数(Gallardo et al., 2003)被提出,其三维模型情况下的计算公式为

$$t(x, y, z) = \nabla m_{\mathrm{r}}(x, y, z) \times \nabla m_{\mathrm{s}}(x, y, z) \tag{4.4}$$

式中, t 为交叉梯度函数; m_{r} 为一种物性参数,如电阻率; m_{s} 为另一种物性参数,如纵波速度。

在二维模型情况下,计算公式可简化为

$$t(x,z) = \frac{\partial \boldsymbol{m}_r(x,z)}{\partial z}\frac{\partial \boldsymbol{m}_s(x,z)}{\partial x} - \frac{\partial \boldsymbol{m}_r(x,z)}{\partial x}\frac{\partial \boldsymbol{m}_s(x,z)}{\partial z} \tag{4.5}$$

交叉梯度函数效果如图 4.1 所示。其中，图 4.1(c) 是图 4.1(a) 和 (b) 的交叉梯度函数值。由图可见其具有如下性质：①在两种物性参数模型结构变化一致的网格处（如中部正方形区域的左上角和右下角网格），交叉梯度值为零；②其中一种物性参数模型为常数的网格处，交叉梯度值为零；③在两种物性参数模型结构变化不一致的网格处（如 z=20m 处的网格），交叉梯度值不为零。

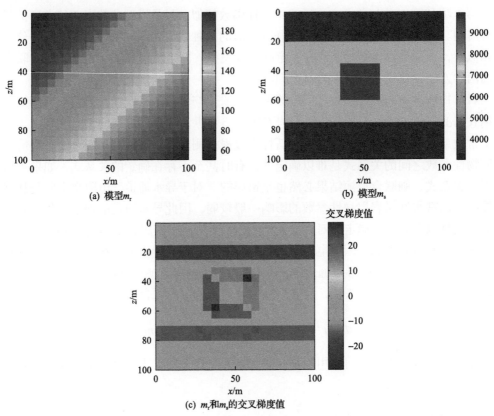

(a) 模型 m_r

(b) 模型 m_s

(c) m_r 和 m_s 的交叉梯度值

图 4.1　交叉梯度函数作用效果示意图

基于以上性质，用模型各网格处交叉梯度值的二阶范数 $\|t(\boldsymbol{m}_r,\boldsymbol{m}_s)\|^2$ 表示两种物性参数模型结构之间的整体相似程度，则 $\|t(\boldsymbol{m}_r,\boldsymbol{m}_s)\|^2$ 越小，表示两种物性参数模型之间的结构越相似。将其加入目标函数，在反演过程中通过模型的更新迭代逐步减小 $\|t(\boldsymbol{m}_r,\boldsymbol{m}_s)\|^2$ 值，从而促使在数据拟合残差满足要求的同时两种物性参数模型结构也趋于一致。

3. 单向交叉梯度联合反演算法

1) 单向交叉梯度联合反演目标函数及基于最小二乘算法的解

如前所述，通过将瞬变电磁法电阻率模型和地震波阻抗模型在各网格处交叉梯度值

的二阶范数 $\left\|t(m_r,m_s)\right\|^2$ 加入目标函数，可以在反演过程中通过模型的更新迭代逐步减小 $\left\|t(m_r,m_s)\right\|^2$ 值，从而促使在数据拟合残差满足要求的同时瞬变电磁法电阻率模型和地震波阻抗模型结构也趋于一致。采用交叉梯度函数，基于几何结构法的联合反演目标函数式(4.3)展开为

$$\Phi(m_r,m_s) = \omega_r \left\|d_r - f(m_r)\right\|^2 + \omega_s \left\|d_s - f(m_s)\right\|^2 + \omega_{xr}\left\|L_x m_r\right\|^2 + \omega_{zr}\left\|L_z m_r\right\|^2 \\ + \omega_{xs}\left\|L_x m_s\right\|^2 + \omega_{zs}\left\|L_z m_s\right\|^2 + \omega_t \left\|t(m_r,m_s)\right\|^2 \tag{4.6}$$

式中，m_r 为瞬变电磁法模型参数；m_s 为地震模型参数；$\left\|d_r - f(m_r)\right\|^2$ 为瞬变电磁法数据拟合残差；$\left\|d_s - f(m_s)\right\|^2$ 为地震数据拟合残差；$\left\|L_x m_r\right\|^2$ 为瞬变电磁法模型在 x 方向的模型光滑项；$\left\|L_z m_r\right\|^2$ 为瞬变电磁法模型在 z 方向的模型光滑项；$\left\|L_x m_s\right\|^2$ 为地震模型在 x 方向的模型光滑项；$\left\|L_z m_s\right\|^2$ 为地震在 z 方向的模型光滑项；$\left\|t(m_r,m_s)\right\|^2$ 为交叉梯度项；ω_r、ω_s、ω_{xr}、ω_{zr}、ω_{xs}、ω_{zs}、ω_t 为各项的加权算子，$\omega_r + \omega_s = 1$。

　　由式(4.6)可见，联合反演算法中同时包含瞬变电磁法正演 $f(m_r)$ 和地震正演 $f(m_s)$，需要大量的计算时间。为了控制计算时间，常规联合反演中地震部分通常采用基于走时的初至波、反射波或透射波层析成像。然而，导水通道通常尺度小(最小可为几米)、埋深大(几百米)，基于走时的地震层析成像方法难以满足精度和分辨率要求。地震多次覆盖反射波方法探测精度和分辨率高，但正演计算成本较高，难以适用于传统联合反演算法。为了在联合反演算法中应用地震多次覆盖反射波数据，提出单向交叉梯度联合反演算法，即在联合反演目标函数式(4.6)中去掉地震的正演过程 $f(m_s)$，只在交叉梯度项中保留地震波阻抗模型参数，得到单向交叉梯度联合反演目标函数为 (Li et al.，2022；李飞等，2020b)

$$\Phi(m_r,m_{0s}) = \left\|d_r - f(m_r)\right\|^2 + \omega_x \left\|L_x m_r\right\|^2 + \omega_z \left\|L_z m_r\right\|^2 + \omega_t \left\|t(m_r,m_{0s})\right\|^2 \tag{4.7}$$

式中，m_{0s} 为地震波阻抗模型参数；L_x 和 L_z 为粗糙度矩阵；$\left\|t(m_r,m_{0s})\right\|^2$ 为交叉梯度项：

$$\begin{cases} t(m_r,m_{0s}) \approx t^k\left(m_r^k,m_{0s}\right) + B\left(m_r - m_r^k\right) \\ t^k\left(m_r^k,m_{0s}\right) = \nabla m_r^k(x,z) \times \nabla m_{0s}(x,z) \end{cases} \tag{4.8}$$

式中，m_r^k 为第 k 次迭代的电阻率模型参数；B 为第 k 次迭代交叉梯度项 t^k 的偏导数矩阵。

　　因为在联合反演中，地震方法反演结果只对瞬变电磁法反演过程进行交叉梯度约束，而瞬变电磁法反演结果不对地震方法反演过程进行交叉梯度约束，交叉梯度函数中 m_{0s} 是一直不变的，故称为单向交叉梯度联合反演算法。因为联合反演算法中不涉及地震反演过程，所以地震波阻抗反演可以通过商业软件完成，在联合反演中直接应用地震波阻抗的反演结果。

基于最小二乘算法，式(4.7)的解为

$$\Delta m_{\mathrm{r}} = \left(A^{\mathrm{T}} A + \alpha I + \omega_x L_x^{\mathrm{T}} L_x + \omega_z L_z^{\mathrm{T}} L_z + \omega_t B^{\mathrm{T}} B \right)^{-1} \cdot \left(A^{\mathrm{T}} b - \omega_x L_x^{\mathrm{T}} L_x m_{\mathrm{r}}^{k\mathrm{T}} \right.$$
$$\left. - \omega_z L_z^{\mathrm{T}} L_z m_{\mathrm{r}}^{k\mathrm{T}} - \omega_t B^{\mathrm{T}} t^k \right) \tag{4.9}$$

$$m_{\mathrm{r}}^{k+1} = m_{\mathrm{r}}^k + \Delta m_{\mathrm{r}} \tag{4.10}$$

式中，Δm_{r} 为第 k 次迭代的模型更新量；A 为雅可比矩阵；I 为单位矩阵；m_{r}^{k+1} 为第 $k+1$ 次迭代的模型参数；α 为阻尼因子。

2) 模型网格设置及数据预处理

地震波阻抗反演模型和瞬变电磁法反演模型在勘探范围和分辨率方面具有不同的特点。地震勘探范围相对较大，波阻抗反演模型分辨率相对较高，模型网格相对较小；瞬变电磁法探测范围相对较小，受体积效应影响，空间分辨率相对较低，模型网格相对较大。为了实现联合反演计算，选取瞬变电磁法模型和地震模型的重叠区域作为联合反演区域。图 4.2 为瞬变电磁法与地震联合反演模型网格设置示意图，细实线网格为地震波阻抗模型网格，粗虚线网格为瞬变电磁法模型网格，联合反演区域为图中灰色部分。

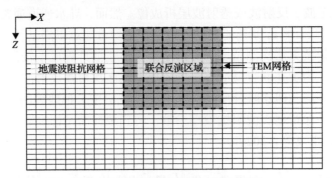

图 4.2　联合反演模型网格设置示意图

因为波阻抗模型网格较小，瞬变电磁法模型网格较大，为了方便进行联合反演计算，首先需要进行两者之间的匹配转换。这里采用插值方法将原始波阻抗模型转换为与瞬变电磁法模型具有相同网格大小的波阻抗模型，如图 4.3 所示。

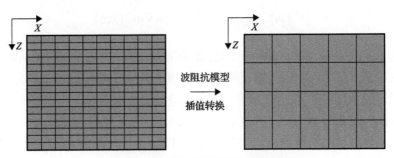

图 4.3　地震模型网格转换示意图

原始波阻抗模型插值后，网格大小与瞬变电磁法网格大小一致，可以直接用于联合反演计算。然而，当瞬变电磁法异常较弱时直接采用转换后的原始波阻抗模型进行联合反演效果不明显，原因为：①转换后的原始波阻抗模型中存在大量次要结构变化，这些次要变化主要是由干扰(如绕射波和多次波)和网格的插值转换引入的；②这些次要的结构变化超出了瞬变电磁法的分辨率。因此，针对瞬变电磁法异常较弱的情况可以对转换后的波阻抗模型进一步做聚类分割处理。聚类分割的作用是按照波阻抗值的大小，将波阻抗模型中的地层和异常构造进行分类，从而忽略地层和构造中的次要变化。

3) 算法程序实现与联合反演流程

(1) 模型插值转换与聚类分割。

模型插值转换采用双三次插值算法，可以采用 MATLAB 软件进行编程计算，其代码为

```
m2=imresize(m1, [nx,nz], ′bicubic′)
```

其中，m1 为转换前的模型；m2 为转换后的模型；nx 为转换后在 x 方向的网格数；nz 为转换后在 z 方向的网格数；′bicubic′表示采用双三次插值方法。

模型聚类分割采用 K-means 算法。K-means 算法是经典的基于均值划分的聚类方法，具有简洁和快速的优点。K-means 算法的基本思想是以空间中 k 个点为中心进行聚类，对最靠近它们的对象归类，通过迭代逐次更新各聚类中心的值，直至得到最好的聚类结果。通过 MATLAB 函数库中的 K-means 函数可以实现模型聚类分割的计算。

(2) 联合反演目标函数的求解。

联合反演目标函数的求解主要是模型更新量(式(4.9))的计算。模型更新量计算的关键是式中矩阵 A、I、L_x、L_z、b、t、B 的计算与构建。其中，矩阵 A、I、L_x、L_z、b 与单一方法反演中相同，不再赘述，下面给出交叉梯度矩阵 t 和交叉梯度偏导数矩阵 B 的计算公式和编程实现方法。

在二维模型情况下，基于中心差分方法，交叉梯度函数式(4.5)的计算公式为

$$t_{i,j} = \frac{m_r(i+1,j) - m_r(i-1,j)}{\Delta z_i + (\Delta z_{i+1} + \Delta z_{i-1})/2} \cdot \frac{m_s(i,j+1) - m_s(i,j-1)}{\Delta x_j + (\Delta x_{j+1} + \Delta x_{j-1})/2} - \frac{m_r(i,j+1) - m_r(i,j-1)}{\Delta x_j + (\Delta x_{j+1} + \Delta x_{j-1})/2}$$
$$\times \frac{m_s(i+1,j) - m_s(i-1,j)}{\Delta z_i + (\Delta z_{i+1} + \Delta z_{i-1})/2}$$

$$(4.11)$$

式中，i 为 z 方向网格下标；j 为 x 方向网格下标；Δx 为 x 方向的网格间距；Δz 为 z 方向的网格间距。

为了更好地显示交叉函数矩阵的计算过程，以 x 方向含 4 个网格，z 方向含 3 个网格的简单模型为例进行说明，如图 4.4 所示。

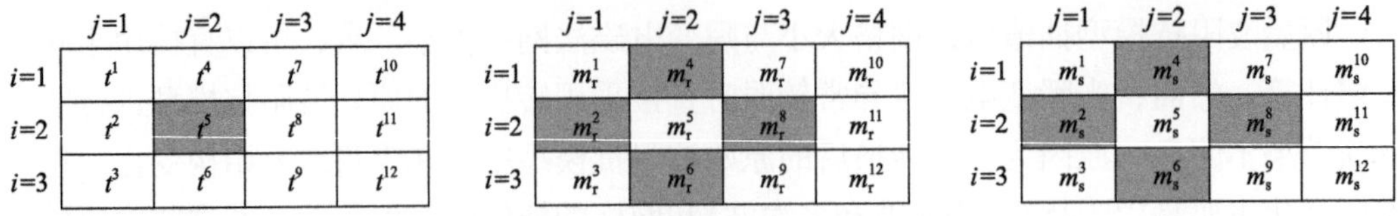

图 4.4　交叉函数矩阵计算示意图

根据式 (4.11)，图 4.4 中 t^5 网格处的交叉梯度值为

$$t^5 = \frac{m_r^6 - m_r^4}{\Delta z^5 + \left(\Delta z^6 + \Delta z^4\right)/2} \cdot \frac{m_s^8 - m_s^2}{\Delta x^5 + \left(\Delta x^8 + \Delta x^2\right)/2} - \frac{m_r^8 - m_r^2}{\Delta x^5 + \left(\Delta x^8 + \Delta x^2\right)/2} \cdot \frac{m_s^6 - m_s^4}{\Delta z^5 + \left(\Delta z^6 + \Delta z^4\right)/2}$$

(4.12)

可以采用 MATLAB 软件进行编程计算，其代码为

```
[pxr,pyr]=gradient(mr, delta_x, delta_z)
[pxs,pys]=gradient(ms, delta_x, delta_z)
        t=pxr.*pys-pxs.*pyr
```

其中，pxr 为瞬变电磁法模型在 x 方向的偏导数矩阵；pyr 为瞬变电磁法模型在 y 方向的偏导数矩阵；pxs 为波阻抗模型在 x 方向的偏导数矩阵；pys 为波阻抗模型在 y 方向的偏导数矩阵；t 为二维形式的交叉梯度矩阵。

需要说明的是，基于以上代码计算得到的交叉梯度值是一个二维矩阵。因为在式 (4.9) 中模型参数是用一维矩阵形式表示的，与之匹配的交叉梯度矩阵也是一维形式，因此需要将二维矩阵形式转化为一维矩阵形式。以图 4.4 模型为例，其二维形式为

$$\boldsymbol{t} = \begin{bmatrix} t^1 & t^4 & t^7 & t^{10} \\ t^2 & t^5 & t^8 & t^{11} \\ t^3 & t^6 & t^9 & t^{12} \end{bmatrix}$$

(4.13)

转化为一维矩阵形式为

$$\boldsymbol{t} = \left[t^1, t^2, t^3, t^4, t^5, t^6, t^7, t^8, t^9, t^{10}, t^{11}, t^{12} \right]$$

(4.14)

对交叉梯度函数计算式 (4.11) 求偏导得

$$\frac{\partial t}{\partial \boldsymbol{m}_r(i-1, j)} = \frac{-1}{\Delta z_i + \left(\Delta z_{i+1} + \Delta z_{i-1}\right)/2} \cdot \frac{\boldsymbol{m}_s(i, j+1) - \boldsymbol{m}_s(i, j-1)}{\Delta x_j + \left(\Delta x_{j+1} + \Delta x_{j-1}\right)/2}$$

(4.15)

$$\frac{\partial t}{\partial \boldsymbol{m}_r(i+1, j)} = \frac{1}{\Delta z_i + \left(\Delta z_{i+1} + \Delta z_{i-1}\right)/2} \cdot \frac{\boldsymbol{m}_s(i, j+1) - \boldsymbol{m}_s(i, j-1)}{\Delta x_j + \left(\Delta x_{j+1} + \Delta x_{j-1}\right)/2}$$

(4.16)

$$\frac{\partial t}{\partial \boldsymbol{m}_{\mathrm{r}}(i,j-1)} = \frac{1}{\Delta x_j + \left(\Delta x_{j+1} + \Delta x_{j-1}\right)/2} \cdot \frac{\boldsymbol{m}_{\mathrm{s}}(i+1,j) - \boldsymbol{m}_{\mathrm{s}}(i-1,j)}{\Delta z_i + \left(\Delta z_{i+1} + \Delta z_{i-1}\right)/2} \tag{4.17}$$

$$\frac{\partial t}{\partial \boldsymbol{m}_{\mathrm{r}}(i,j+1)} = \frac{-1}{\Delta x_j + \left(\Delta x_{j+1} + \Delta x_{j-1}\right)/2} \cdot \frac{\boldsymbol{m}_{\mathrm{s}}(i+1,j) - \boldsymbol{m}_{\mathrm{s}}(i-1,j)}{\Delta z_i + \left(\Delta z_{i+1} + \Delta z_{i-1}\right)/2} \tag{4.18}$$

由式(4.15)～式(4.18)可见，交叉梯度偏导数矩阵 $\boldsymbol{B}$ 只与波阻抗模型 $\boldsymbol{m}_{\mathrm{s}}$ 有关，而与瞬变电磁法模型 $\boldsymbol{m}_{\mathrm{r}}$ 无关。仍以图 4.5 模型为例给出 $\boldsymbol{B}$ 的格式示例。$\boldsymbol{B}$ 为 12×12 的二维矩阵(行数和列数与一维形式的模型参数矩阵长度一致)。其中，与 t^5 偏导数的求解对应的是 $\boldsymbol{B}$ 中第 5 行：

$$\boldsymbol{B} = \begin{bmatrix} & & & & \vdots & & & & & & & \\ 0 & \dfrac{\partial t}{\partial m_{\mathrm{r}}^2} & 0 & \dfrac{\partial t}{\partial m_{\mathrm{r}}^4} & 0 & \dfrac{\partial t}{\partial m_{\mathrm{r}}^6} & 0 & \dfrac{\partial t}{\partial m_{\mathrm{r}}^8} & 0 & 0 & 0 & 0 \\ & & & & \vdots & & & & & & & \end{bmatrix} \tag{4.19}$$

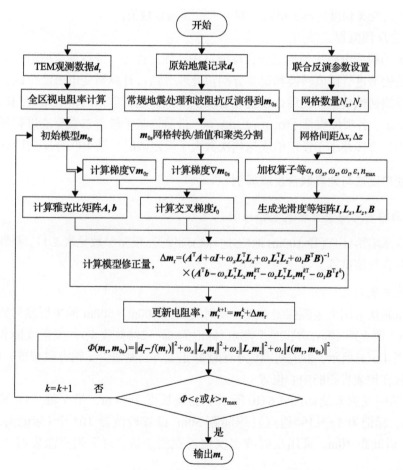

图 4.5　瞬变电磁法与地震联合反演算法流程

式中

$$\frac{\partial t}{\partial m_\mathrm{r}^2} = \frac{-1}{\Delta z^5 + \left(\Delta z^6 + \Delta z^4\right)\big/2} \cdot \frac{m_\mathrm{s}^8 - m_\mathrm{s}^2}{\Delta x^5 + \left(\Delta x^8 + \Delta x^2\right)\big/2} \tag{4.20}$$

$$\frac{\partial t}{\partial m_\mathrm{r}^8} = \frac{1}{\Delta z^5 + \left(\Delta z^6 + \Delta z^4\right)\big/2} \cdot \frac{m_\mathrm{s}^8 - m_\mathrm{s}^2}{\Delta x^5 + \left(\Delta x^8 + \Delta x^2\right)\big/2} \tag{4.21}$$

$$\frac{\partial t}{\partial m_\mathrm{r}^4} = \frac{1}{\Delta x^5 + \left(\Delta x^8 + \Delta x^2\right)\big/2} \cdot \frac{m_\mathrm{r}^6 - m_\mathrm{r}^4}{\Delta z^5 + \left(\Delta z^6 + \Delta z^4\right)\big/2} \tag{4.22}$$

$$\frac{\partial t}{\partial m_\mathrm{r}^6} = \frac{-1}{\Delta x^5 + \left(\Delta x^8 + \Delta x^2\right)\big/2} \cdot \frac{m_\mathrm{r}^6 - m_\mathrm{r}^4}{\Delta z^5 + \left(\Delta z^6 + \Delta z^4\right)\big/2} \tag{4.23}$$

式(4.19)中其他行与第 5 行形式类似，不再一一列出。交叉梯度偏导数矩阵 $\boldsymbol{B}$ 与一维矩阵形式的交叉梯度矩阵 $\boldsymbol{t}$ 相乘，即可求得其偏导数值。

（3）联合反演流程。

图 4.5 为瞬变电磁法与地震联合反演算法流程。首先，进行地震波阻抗反演计算，并对波阻抗模型进行插值转换和聚类分割预处理。然后，计算瞬变电磁法全区视电阻率，建立联合反演初始模型。之后，设置联合反演参数，包括模型网格数量 N_x 和 N_z、网格间距 Δx 和 Δz、各项加权算子 $\alpha, \omega_x, \omega_z, \omega_t$ 等。最后，基于最小二乘算法进行联合反演迭代计算，当拟合残差小于设定值或迭代次数大于设定值时，结束联合反演计算。

4.1.2 瞬变电磁法与地震联合反演算例

1. 地面瞬变电磁法与地震联合反演

建立含水陷落柱（直径 100m）地质-地球物理模型（模型参数见表 2.1），开展瞬变电磁法与地震联合反演试算。

1）观测系统

瞬变电磁法采用大定源探测方式，发射线圈为 600m×600m 的矩形发射回线，测线长度 280m，测点距 10m，共 29 个测点（标记为 0#～28#接收点）。发射线圈和接收点具体位置如图 4.6(a)所示，发射线圈位于陷落柱正上方，测线沿 x 轴方向布置，14#接收点位于陷落柱在地表投影的中心位置。

地震勘探观测系统如图 4.6(b)所示。测线长度 1000m，沿 x 轴方向布置。设置炮点 19 个（标记为 1#～19#炮点），炮间距 50m。设置检波器 101 个（标记为 0#～100#检波点），道间距 10m。采用反射波多次覆盖观测系统，每个炮点激发时 101 个检波点均接收。

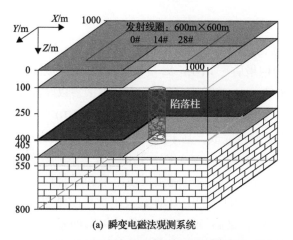

(a) 瞬变电磁法观测系统

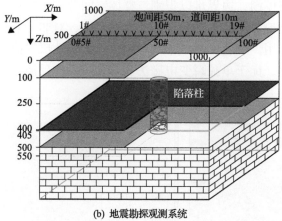

(b) 地震勘探观测系统

图 4.6 地面瞬变电磁法和地震勘探观测系统

2) 正演结果

按第 2 章正演算法，进行正演模拟，图 4.7 为三维瞬变电磁法和三维地震勘探正演结果。由图 4.7 可知，在瞬变电磁法正演结果中，陷落柱产生的磁场强度 H_z 异常相对较弱；在叠后地震剖面中，主要地层界面和陷落柱的顶界面清晰，但陷落柱底界面不易识别。

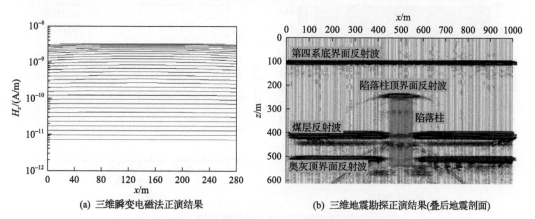

(a) 三维瞬变电磁法正演结果

(b) 三维地震勘探正演结果(叠后地震剖面)

图 4.7 三维瞬变电磁法和三维地震勘探正演结果

3)反演结果

在单独瞬变电磁法反演中，模型网格数量为 $x \times z = 15 \times 31$，采用均匀模型网格 $\Delta x = \Delta z = 20m$。深度方向最后一个网格 Δz 是无限大的，为了成图方便也设置为 20m，因此瞬变电磁法模型的大小是 $x \times z = 300m \times 620m$。其他反演参数设置包括：阻尼因子 $\alpha = 0.01$，加权算子 $\omega_x = 0.0001$，$\omega_z = 0.0001$，最小拟合残差 $\varepsilon_{\min} = 10^{-3}$，最大迭代次数 $n_{\max} = 10$。地震波阻抗反演利用商业软件完成，基于模型约束波阻抗反演方法，模型网格大小为 $\Delta x = 5m$ 和 $\Delta z = 0.2m$。在联合反演中 $\omega_t = 0.05$，其他参数与单独瞬变电磁法反演中设置相同。

将地震波阻抗反演结果、瞬变电磁法反演结果和联合反演结果放在一起进行对比分析，如图 4.8 所示。从图中可以看出：①地震波阻抗反演结果具有较高的空间分辨率，但无法判断陷落柱富水性；②瞬变电磁法反演结果第四系盖层和奥陶系灰岩层状特征不明显，陷落柱形态模糊，边界难以识别，整体空间分辨率较低；③联合反演结果可以同时重建理论模型地层和陷落柱的形状及电性特征，对非中心位置测点的二次场畸变也有一定的压制作用，联合反演结果既可以有效识别地层界面和陷落柱边界，又能够反映陷落柱富水性，优于单独瞬变电磁法和单独波阻抗反演结果。只是陷落柱下段

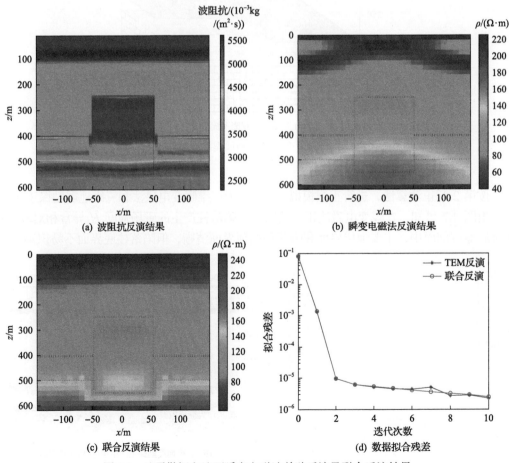

(a) 波阻抗反演结果

(b) 瞬变电磁法反演结果

(c) 联合反演结果

(d) 数据拟合残差

图 4.8　地震勘探和地面瞬变电磁法单独反演及联合反演结果

因为二次场异常幅度相对较弱，成像效果相对较差，但相比单独瞬变电磁法反演结果已有显著提高。

2. 矿井瞬变电磁法与地震联合反演

建立含水陷落柱地质-地球物理模型，如图 4.9 所示，开展矿井瞬变电磁法与地震联合反演试算。陷落柱发育于奥陶系灰岩顶界面以下 50m，向上发育至煤层底板以下 30m，深度 435～550m，直径 50m。除陷落柱外，模型的其他参数见表 2.1。

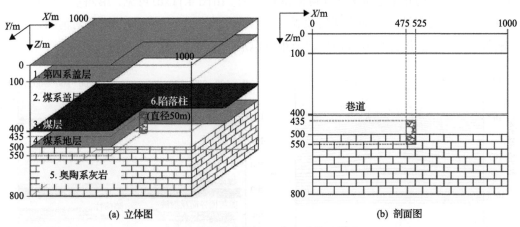

图 4.9 含水陷落柱地质-地球物理模型

1) 观测系统

地震勘探采用反射波多次覆盖观测系统，如图 4.10 所示。测线长度 1000m，沿 x 方向布置。共设置 19 个炮点（标记为 1#～19#炮点），炮间距 50m。共设置 101 个检波点（标记为 0#～100#检波点），道间距 10m，每个炮点激发时 101 个检波点均接收。因为地面地震勘探一般是在煤层开采之前进行的，所以在三维地震正演中煤层为完整煤层。矿井

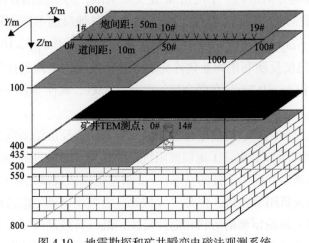

图 4.10 地震勘探和矿井瞬变电磁法观测系统

瞬变电磁法探测在巷道中进行，采用边长 2m 的框形发射和接收线圈，共设置 15 个测点（0#～14#），测点间距 10m，测线长度 140m。

2) 正演结果

图 4.11 为三维瞬变电磁法和三维地震勘探正演结果。由图 4.11(a) 可见，靠近陷落柱的测点 (5#～9#测点，对应 $x=50～90m$ 范围) 磁场强度 H_z 显著增大，形成向上凸起的二次场异常形态。陷落柱对各测点二次场的影响是渐变的，陷落柱边界位置不存在二次场的突变，二次场异常范围大于实际陷落柱范围。由图 4.11(b) 可见，第四系盖层底界面反射波、煤层反射波、奥陶系灰岩顶界面反射波和陷落柱顶界面反射波相对清晰，但由于陷落柱尺寸小，陷落柱底界面反射波难以识别。

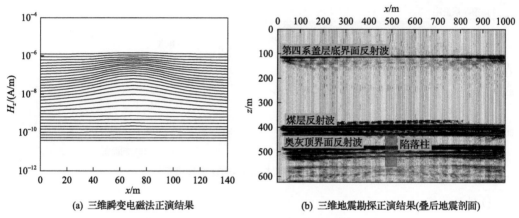

(a) 三维瞬变电磁法正演结果　　　　(b) 三维地震勘探正演结果(叠后地震剖面)

图 4.11　地震勘探和矿井瞬变电磁法正演结果

3) 反演结果

在单独瞬变电磁法反演中，模型网格数量为 $x \times z = 15 \times 21$，采用均匀模型网格 $\Delta x = \Delta z = 10m$。深度方向最后一个网格 Δz 是无限大的，为了成图方便也设置为 10m。所以瞬变电磁法模型的大小是 $x \times z = 150m \times 210m$。其他反演参数设置包括：阻尼因子 $\alpha = 0.01$，加权算子 $\omega_x = 0.0001$，$\omega_z = 0.0001$，最小拟合残差 $\varepsilon_{\min} = 10^{-3}$，最大迭代次数 $n_{\max} = 5$。地震波阻抗反演利用商业软件完成，基于模型约束波阻抗反演方法，模型网格大小为 $\Delta x = 5m$ 和 $\Delta z = 0.2m$。在联合反演中 $\omega_t = 0.05$，其他参数与单独瞬变电磁法反演中设置相同。

将地震波阻抗反演结果、瞬变电磁法反演结果和联合反演结果放在一起进行对比分析，如图 4.12 所示。可以看出：①地震波阻抗反演结果具有较高的空间分辨率，但仅根据波阻抗反演结果难以判断陷落柱的富水性；②瞬变电磁法反演结果对陷落柱反映明显，在陷落柱位置表现为低阻异常区，但是受体积效应影响难以确定陷落柱的边界；③联合反演结果同时重建了理论模型的形状和电性特征，既具有较高的空间分辨率，又可以判断富水性，优于单独瞬变电磁法反演结果和单独地震波阻抗反演结果。

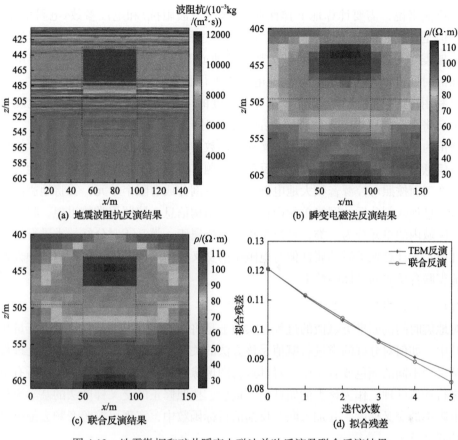

图 4.12　地震勘探和矿井瞬变电磁法单独反演及联合反演结果

4.2　可控源音频大地电磁法与地震联合反演

结合第 2 章中对导水通道的地震和可控源音频大地电磁场的响应特征研究可以发现，地震勘探可以准确查明导水通道的空间位置和形态，但无法确定其富水性，而可控源音频大地电磁法虽然能够有效探查导水通道的富水性，但其分辨率较低。为了能够充分发挥两种方法的优势，本节研究可控源音频大地电磁法与地震的联合反演方法，主要包括修正的交叉梯度法、改进的人工蜂群算法和基于修正的交叉梯度联合反演算法；然后以陷落柱模型为例，对该联合反演方法效果进行检验。

4.2.1　可控源音频大地电磁法与地震联合反演方法

1. 修正的交叉梯度法

1) 改进策略

常规的交叉梯度函数在 4.1 节中已经进行过介绍，通过对交叉梯度函数的研究可以发现，交叉梯度函数是对两种不同模型参数进行耦合。对可控源音频大地电磁法与地震联合反演来说，需要计算地下弹性参数(波速或波阻抗)和电性参数(电阻率)的交叉梯度。但是在实际煤田三维地震勘探资料解释过程中，采用常规的地震数据处理流程得到的地震时间剖面(偏移剖面)缺少地震波速或波阻抗的定量信息。怎样利用三维地震勘探的时间剖面与可控源音频大地电磁法进行联合反演是解决问题的关键。为了能够充分利用地震时间剖面，实现基于交叉梯度的可控源音频大地电磁法与地震联合反演，本节将聚类的思想引入地震解释剖面中，对上述交叉梯度法进行改进。

修正的交叉梯度法主要是利用交叉梯度函数的性质，并且解决了由于缺少模型参数的定量信息而不能进行交叉梯度联合反演的问题。该方法基本流程为：①将地震时间剖面或深度剖面按照可控源音频大地电磁反演网格剖分成有限个单元；②将地震剖面解释的结构信息加入剖分后的网格单元内；③根据结构信息，按照聚类的思想，将属于同一层位和区域内单元分为一类，且每个单元只能属于一类；④对分好的类进行编号并赋予属性值；⑤计算聚类后的属性值与电阻率的交叉梯度函数并加入可控源音频大地电磁法与地震联合反演的目标函数中。

2) 聚类属性的赋值方法

对地震时间剖面聚类赋值的过程，实质上是将地震解释出的结构信息进行量化的过程。其中，如何对分好的类进行赋值是该方法的关键。在地震时间剖面中，处理得到的同相轴呈现不同的颜色或者灰度，对其进行图像像素转换，对属于同一类内所有单元的像素进行均值处理，作为该类的属性值。最后，按照修正的交叉梯度法的基本流程计算其与电阻率的交叉梯度，并加入联合反演的目标函数中，实现可控源音频大地电磁法与地震的联合反演。

为了验证该方法的可行性，下面通过图 4.13 所示的二维模型对交叉梯度法进行试算。图 4.13(a)为速度模型，速度值随深度增加而逐渐增大；图 4.13(b)为层状模型中赋存低阻异常体的电阻率模型，通过计算得到两者的交叉梯度值如图 4.13(c)所示。从图中可以看到，只有在速度和电阻率两种物性参数的变化方向不同时，两者的交叉梯度值才不为零。

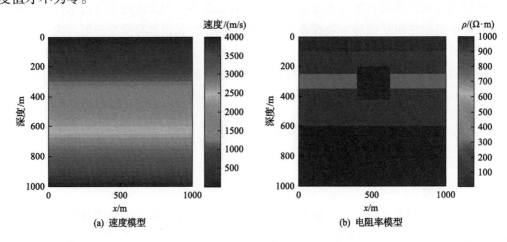

(a) 速度模型　　　　　　　　　　　(b) 电阻率模型

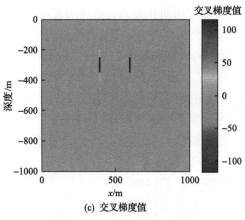

(c) 交叉梯度值

图 4.13　交叉梯度模型试算

　　假设图 4.13(a)为地震偏移剖面，按照修正的交叉梯度法的计算流程，对其进行像素提取，得到网格剖分后(25m×25m)各单元的像素值，将相同层位的像素单元聚类并给出各类的属性值，如图 4.14(a)所示。随后按照同样的网格将电阻率模型进行剖分，如图 4.14(b)所示。此时，计算两者的交叉梯度值，如图 4.14(c)所示。

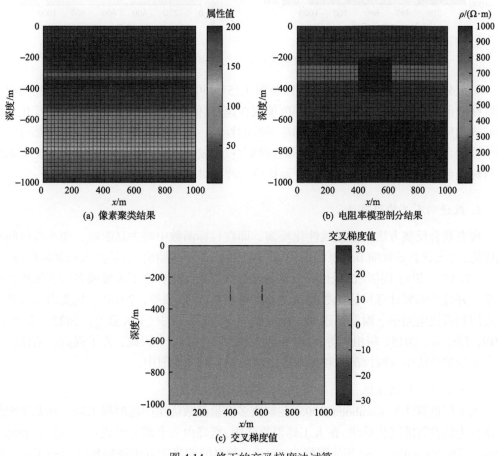

(a) 像素聚类结果　　　　　　　　　　　(b) 电阻率模型剖分结果

(c) 交叉梯度值

图 4.14　修正的交叉梯度法试算

与图 4.13(c) 所示的交叉梯度值对比发现, 虽然两者在数值上不相等, 但是交叉梯度值不为零的位置相同, 这是由于聚类后的像素模型与电阻率模型仍满足交叉梯度函数的性质, 那么将其加入联合反演的目标函数中, 就可以起到结构耦合约束的作用。

因为常规图像的像素用 8 位来表示, 所以共有 256 个灰度等级 (像素在 0~255 取值), 导致聚类后的属性值只能在该范围内选择, 所以需要讨论不同属性值对交叉梯度的影响。此时, 将图 4.14(a) 所示的像素聚类结果进行 10 倍的放大, 结果如图 4.15(a) 所示, 再将其与电阻率剖分结果进行交叉梯度计算, 得到的交叉梯度值如图 4.15(b) 所示。

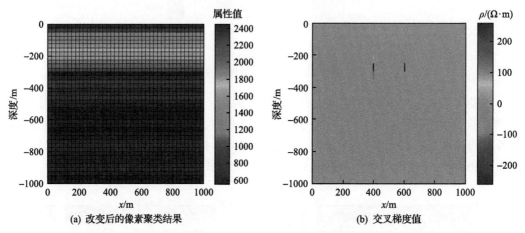

(a) 改变后的像素聚类结果 (b) 交叉梯度值

图 4.15　聚类属性值对交叉梯度的影响

对比分析图 4.13(c)、图 4.14(c) 以及图 4.15(b) 可以发现, 虽然三种情况得到的交叉梯度在数值上均不相等, 但是交叉梯度值仅在速度 (像素) 和电阻率两种参数的变化方向相同或相反时为零, 那么按照交叉梯度函数的性质, 三种情况得到的交叉梯度都可以起到结构耦合的作用, 只是由于数值不同使耦合权重发生改变。此时, 只需调节交叉梯度在目标函数中的权重因子就可以避免属性值的改变对联合反演的影响。

2. 改进的人工蜂群算法

现有联合反演方法大都是线性化反演, 即在目标函数中略去高阶项, 使非线性问题线性化, 这无疑会导致细节信息的丢失, 同时极度依赖于初始模型, 易陷入局部最优解 (王猛等, 2015)。相对于传统的线性化反演算法, 群智能优化算法不需要或者较少依赖初始模型, 并且不需要计算目标函数的梯度和雅可比矩阵 (侯征等, 2018)。相关研究成果已经应用到直流电阻率、瞬变电磁和大地电磁等方法的反演中 (王天意等, 2022; 李明星, 2019; 侯征等, 2015; 胡祖志等, 2015; 程久龙等, 2014a)。因此, 为了提高反演精度, 将人工蜂群算法引入可控源音频大地电磁法与地震联合反演中。

1) 人工蜂群算法流程

人工蜂群算法是 Karaboga(2005) 在解决多变量函数优化问题时提出的一种基于蜜蜂采蜜行为的群智能优化算法。在人工蜂群算法中, 蜜蜂由三个部分组成: 引领蜂 (employed bees)、跟随蜂 (onlookers) 和侦察蜂 (scouts)。种群的前半部分由被雇佣的蜜蜂组成, 后半部分则是由跟随蜂组成的。对于每一个食物源，都仅有一只被雇佣的蜜蜂与之对应。换句话说，被雇佣的蜜蜂的数量等于食物源的数量；而放弃食物源的蜜蜂就变成了一名侦察蜂，重新对食物源进行搜索。

对优化问题来说，人工蜂群算法首先会随机生成 SN 个食物源，每一个食物源都是一个 D 维向量（参数总量），用来作为优化问题可能解 $x_i(i=1,2,3,\cdots,SN)$ 的初始种群。随后，蜂群开始对随机生成的食物源进行次数为 MC 的循环搜索。每当引领蜂对食物源进行搜索之后，就会计算其收益度值，具体公式为（Karaboga et al.，2011）

$$\text{fit}_i = \begin{cases} 1/(1+f_i), & f_i \geqslant 0 \\ 1+\text{abs}(f_i), & f_i < 0 \end{cases} \tag{4.24}$$

式中，fit_i 为食物源的收益度值；f_i 为对应优化问题的目标函数值；abs 表示取绝对值。

在循环搜索开始后，当引领蜂对食物源进行邻域搜索后，则会发现新的食物源；当按照式（4.24）计算得到新食物源的收益度值高于旧食物源时，则会用新食物源替换旧食物源，否则仍然保留旧食物源的信息。换句话说，在新旧食物源之间的选择其实是一种贪婪选择机制。发现新食物源的具体公式为（Karaboga et al.，2011）

$$v_{ij} = x_{ij} + \varphi_{ij}\left(x_{ij} - x_{kj}\right) \tag{4.25}$$

$$k = \text{int}(\text{rand}(0,1)\times SN)+1 \tag{4.26}$$

式中，v_{ij} 为蜜蜂发现的新食物源；x_{ij} 为旧食物源；φ_{ij} 为 $[-1,1]$ 区间随机数。$i\in\{1,2,\cdots,SN\}$，$k\in\{1,2,\cdots,SN\}$ 且 $k\neq i$，$j\in\{1,2,\cdots,SN\}$。

当引领蜂对所有的食物源搜索完成之后，则会返回舞蹈区将记录得到的食物源的收益度值和位置等信息分享给跟随蜂。此时，跟随蜂会根据引领蜂提供的食物源的信息，按照式（4.27）所示的概率 P_i 来选择食物源（Karaboga et al.，2008）。

$$P_i = \text{fit}_i \bigg/ \sum_{n=1}^{SN}\text{fit}_n \tag{4.27}$$

从式（4.27）可以看出，食物源被选择的概率值大小与其收益度值成正比。

当跟随蜂选中食物源后，会和引领蜂一样在食物源附近进行重新搜索，若搜索结果优于引领蜂给出的食物源，则会储存新的食物源的信息，反之保持不变。

在人工蜂群算法中，若某个食物源经过有限次（limit）循环搜索之后，其收益度值仍没有改善，则表示该食物源已经陷入局部最优，应该将其放弃。而该食物源所对应的引领蜂将重新转变成侦察蜂，其通过式（4.28）随机产生一个新的食物源来代替放弃的食物源（Karaboga et al.，2008）：

$$x_i^j = x_{\min}^j + \text{rand}(0,1)\left(x_{\max}^j - x_{\min}^j\right) \tag{4.28}$$

式中，$j\in\{1,2,\cdots,Q\}$ 为 Q 维向量的某个分量。

2) 人工蜂群算法的主要参数

由上面对人工蜂群算法的行为以及算法流程的介绍可知，人工蜂群算法中有三个控制参数：食物源的数量(SN)、食物源被放弃的最大搜索限制次数(limit)和最大的循环迭代次数(MC)。

(1) 食物源的数量。

因为食物源的数量与引领蜂数量相等，所以食物源的数量与蜂群能否搜索到全局最优紧密相连。当食物源增多时，蜂群的搜索空间随之变大，发现全局最优的概率增大，但同时计算量和耗时也成几何倍数地增加，降低了收敛速度，所以说不能为了增大搜索空间范围而无限制地增加食物源的数量。

(2) 最大搜索限制次数。

对于某一食物源被放弃的最大搜索限制次数，它也与蜂群的全局搜索能力密切相关：如果其值过大，那么某一食物源被保留的概率增加，使蜂群在短时间内无法跳出该食物源，这就减弱了算法的全局搜索能力；但是如果该值偏小，蜂群虽然可以很快地跳出该食物源，但却使算法的随机性增加，收敛速度势必会减慢。

(3) 最大的循环迭代次数。

与目标函数达到一定的精度要求作用相同，最大的循环迭代次数控制着算法的进程。MC 过大，会提高搜索全局最优的概率，但是耗时量会增加；MC 太小，又不能保证蜂群搜索到的食物源的质量，所以需要找到合适的 MC 来处理不同的优化问题。

3) 人工蜂群算法的改进方案

(1) 基于反向学习理论的改进策略。

标准型人工蜂群算法在运行过程中随机化较严重，这种随机化势必会影响算法的收敛速度。从概率论角度来看，随机产生的解与其反向解相比，有 50%的概率要远离问题的最优解，所以如果能够充分利用随机解的相关信息，势必会提高算法的收敛速度(汪慎文等，2013)。

对于标准型人工蜂群算法，在以下三方面加入反向学习理论：①按照反向学习理论构造初始种群；②在引领蜂发现新食物源后，利用反向学习理论得到其反向解，并在两者之间保留收益度值高的作为当前食物源；③在引领蜂放弃某一食物源转化为侦察蜂随机产生一个新的食物源后，利用反向学习理论得到其反向解，计算收益度值高的食物源保留为当前食物源。

(2) 收益度公式。

从式(4.24)可知，在标准型人工蜂群算法中，将目标函数值划分为大于 0 和小于 0 两个区间来计算食物源的收益度值，但是对可控源音频大地电磁法与地震联合反演而言，目标函数值总是大于 0，所以将式(4.24)修正为

$$\text{fit}_i = 1/(1 + f_i) \tag{4.29}$$

式中，fit_i 为食物源的收益度值；f_i 为对应优化问题的目标函数值。

(3)新食物源产生策略的改进。

对式(4.25)来说，随机干扰 φ_{ij} 的取值情况，即干扰程度，直接影响了算法的收敛速度：其值范围越大，可以相对减少迭代寻优的次数，但收敛速度变慢；相反，其值范围变小时，扰动能力降低，种群的多样性减弱，导致寻优的迭代次数增加，所以对其进行自适应改进。同时，在对食物源变量扰动时，选择到目前为止收益度值高的食物源进行扰动，并提出 $j^{n+1} \neq j^n$，即在第 n 次循环过程中，假设产生新食物源时扰动改变的是第 j 个变量，对比新食物源与旧食物源的收益度值，若其优于旧食物源，则保留新食物源并且在第 $n+1$ 次循环扰动时，不能对第 j 个变量进行改变；相反，若新食物源收益度值较低，则说明改变第 j 个变量并没有向最优解方向移动，所以在第 $n+1$ 次循环扰动时，也不能对第 j 个变量进行改变。最终得到新食物源的产生公式为

$$v_{ij} = x_{\text{best},j^{n+1} \neq j^n} + \varphi_{ij}\left(x_{ij} - x_{kj}\right) \tag{4.30}$$

改进的人工蜂群算法的流程如图 4.16 所示。

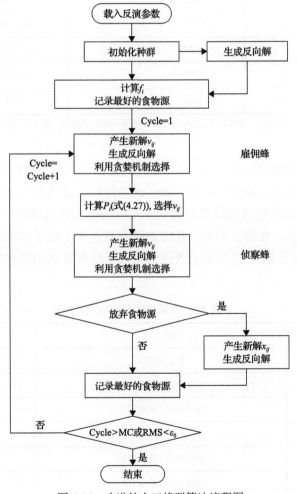

图 4.16　改进的人工蜂群算法流程图

4) 改进的人工蜂群算法性能验证

为了验证改进的人工蜂群算法的收敛速度和寻优能力, 将其与粒子群算法和标准型人工蜂群算法的全局优化能力进行对比。选择两组常用的测试函数(Rastrigin 函数和 Griewank 函数进行测试, 见表 4.1, 采用的测试参数见表 4.2。

表 4.1　标准的测试函数

测试函数	表达式	取值范围	最小值
Griewank	$f = \dfrac{1}{4000}\sum\limits_{i=1}^{n} x_i^2 - \prod\limits_{i=1}^{n}\cos\left(\dfrac{x_i}{\sqrt{i}}\right) + 1$	$\|x_i\| \leqslant 600$	$f(0)=0$
Rastrigin	$f = \sum\limits_{i=1}^{n}(x_i^2 - 10\cos(2\pi x_i) + 10)$	$\|x_i\| \leqslant 5.12$	$f(0)=0$

表 4.2　不同算法性能测试参数

粒子群算法		标准型人工蜂群算法		改进的人工蜂群算法	
种群规模	20	种群规模	40	种群规模	40
w	1.0~0.7	引领蜂	20	引领蜂	20
φ_{min}	0	跟随蜂	20	跟随蜂	20
φ_{max}	2.0	limit	MC/2	limit	MC/2

注: w 是惯性因子; φ_{min} 和 φ_{max} 分别是随机速度权重的上下界; 测试过程中, 令优化问题的维数 $D=50$; 最大循环迭代次数 MC=1000。

不同测试函数的测试结果见表 4.3, 迭代收敛曲线如图 4.17 所示。从表 4.3 中可以看到, 对于不同的测试函数, 经过 1000 次迭代后, 改进的人工蜂群算法的函数值最小。从图 4.17 所示的收敛曲线可以看到, 随着迭代次数的增加, 改进的人工蜂群算法的收敛性较为突出, 在迭代后期, 其收敛能力明显优于粒子群算法和标准型人工蜂群算法。综合表 4.3 和图 4.17 可知, 改进后的人工蜂群算法的优化能力得到了显著的提高。

表 4.3　不同测试函数的测试结果

测试函数	优化算法	函数值
Griewank	粒子群算法	1.04×10^{-2}
	标准型人工蜂群算法	1.46×10^{-2}
	改进的人工蜂群算法	1.17×10^{-3}
Rastrigin	粒子群算法	6.11×10^{-5}
	标准型人工蜂群算法	4.14×10^{-7}
	改进的人工蜂群算法	4.57×10^{-11}

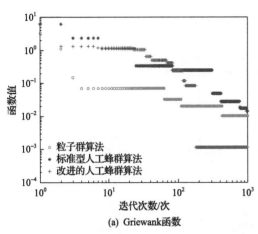
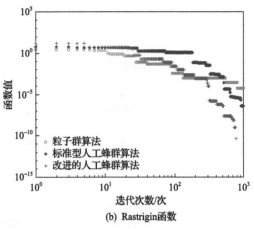

(a) Griewank函数　　　　　　　　　　　(b) Rastrigin函数

图 4.17　测试函数迭代收敛曲线

3. 修正的交叉梯度联合反演算法

从联合反演目标函数的一般形式(4.2)可以看出，在联合反演过程中需要同时对地震和可控源音频大地电磁法的模型参数进行迭代修正，最终得到满足终止条件的地震和可控源音频大地电磁法反演结果。该方法最大的优点是同时利用了地震和可控源音频大地电磁法的观测数据，在交叉梯度约束作用下，得到地震和可控源音频大地电磁法结构一致的联合反演结果。

为了保证反演模型参数足够光滑，传统联合反演的目标函数中增加了模型的约束项。但人工蜂群算法是对不同模型参数进行随机搜索，对模型的约束会限制该方法的搜索能力，所以在联合反演目标函数的一般形式中去掉了模型的约束项。除此之外，因为在联合反演过程中采用的是地震时间剖面转换后的像素聚类结果，无须地震波场正演，所以在联合反演目标函数的一般形式中又去掉了地震波场的正演项，最终得到基于修正的交叉梯度法的联合反演目标函数的具体形式为

$$\Phi = \Phi_{d} + \eta \cdot t(m_s, m_r) \tag{4.31}$$

式中，Φ 为总体目标函数；Φ_{d} 为数据拟合项；$t(m_s, m_r)$ 为可控源音频大地电磁与地震的交叉梯度结果。其中，数据拟合项的具体形式为

$$\Phi_{d} = \frac{1}{M} \frac{1}{N} \sum_{j=1}^{M} \sum_{i=1}^{N} \left(\frac{\rho_{sij}^{obs} - \rho_{si}^{cal}}{\rho_{sij}^{obs}} \right)^2 + \frac{1}{M} \frac{1}{N} \sum_{j=1}^{M} \sum_{i=1}^{N} \left(\frac{\phi_{sij}^{obs} - \phi_{sij}^{cal}}{\phi_{sij}^{obs}} \right)^2 \tag{4.32}$$

式中，M 为测点个数；N 为频点个数；ρ_{sij}^{obs}、ρ_{si}^{cal}、ϕ_{sij}^{obs}、ϕ_{sij}^{cal} 分别为观测及理论计算的视电阻率和相位。可控源音频大地电磁法与地震联合反演算法流程如图 4.18 所示。

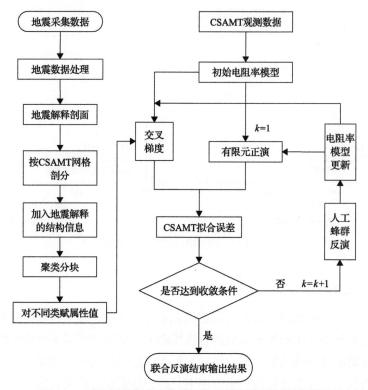

图 4.18　可控源音频大地电磁法与地震联合反演算法流程

4.2.2　可控源音频大地电磁法与地震联合反演算例

选取直径 50m、埋深 250m 的含水陷落柱模型（模型参数见表 2.1），进行联合反演试算。发射源沿 x 方向布设，长度为 2000m，取发射源的中心为坐标原点 $(0,0,0)$，收发距为 4500m，陷落柱中心在地面投影位置为 $(500,4500,0)$。沿 x 方向布设一条长度为 600m 的测线，测线的起点坐标为 $(200,4500,0)$，终点坐标为 $(800,4500,0)$，以不等间距布设 59 个测点，观测频率范围为 1～8192Hz，以 2 的整数次幂分布，共 14 个频率。三维地震勘探测线长度为 1000m，起点坐标为 $(0,4500,0)$，终点坐标为 $(1000,4500,0)$，采用 10m 道间距，50m 炮间距，共 19 炮。

1.　可控源音频大地电磁法 2.5 维反演

以一维 Occam 反演结果作为初始值，进行可控源音频大地电磁法 2.5 维反演，反演结果如图 4.19 所示。可以看出，反演的各层电阻率与理论模型基本吻合，且第四系与砂岩层分界线明显。在图中纵向 300～450m、横向 410～560m 处有一明显低阻异常，反演电阻率为 70～80Ω·m。虽然异常中心位置与黑色实线框标识的陷落柱部分吻合，但无论从纵向还是横向来看，反演效果都较差。

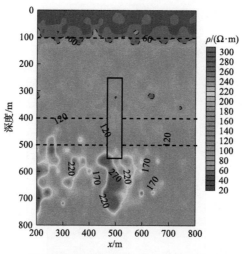

图 4.19　可控源音频大地电磁法 2.5 维单独反演成果图

2. 基于精确地震解释的联合反演

假设地震解释结果与模型设置保持一致，按照修正的交叉梯度的算法流程，首先将地震解释剖面按照可控源音频大地电磁反演网格进行剖分。其次，按照地震解释出的层位信息和陷落柱的结构信息，根据聚类的思想，将地震解释剖面分为五类，计算得到各类的属性值为 184.23、193.78、204.06、208.31 和 215.83，最终得到聚类结果如图 4.20 所示，将其加入联合反演的目标函数中。

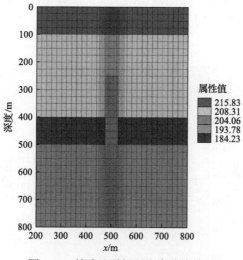

图 4.20　精确地震解释聚类分块结果

图 4.21 所示为联合反演电阻率剖面图，与图 4.19 所示可控源音频大地电磁法 2.5 维反演结果对比发现，低阻异常区域范围明显收缩，且其形状和边界与陷落柱上部吻合较好，下部吻合较差。若以围岩电阻率(100Ω·m)的 1/2，即 50Ω·m 作为异常阈值，异常区左边界与陷落柱理论模型一致，右边界的定位误差最大值为 5%，说明基于修正的交叉梯

度联合反演方法在确定陷落柱边界方面具有较好的效果。

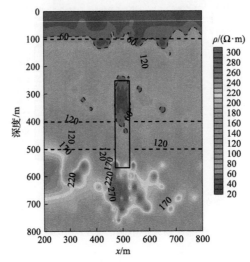

图 4.21　基于精确地震解释的联合反演成果图

3. 基于"不精确"地震解释的联合反演

实际地震资料处理和解释过程中，经常会出现对陷落柱的解释不够精确的情况，当陷落柱的横向解释存在 20%的误差时，即解释出的陷落柱横向尺寸为 60m，以陷落柱中心为对称轴，分别在陷落柱的左右边界各超出 5m。采用修正的交叉梯度法实现可控源音频大地电磁法与地震联合反演，按照修正的交叉梯度算法流程，将地震解释剖面分为五类，计算得到各类的属性值分别为 184.69、193.35、204.10、208.36 和 215.83，最终得到聚类结果如图 4.22 所示。

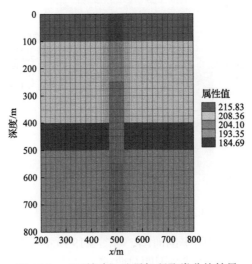

图 4.22　"不精确"地震解释聚类分块结果

图 4.23 为联合反演电阻率剖面图。可以看出，陷落柱所在低阻区域比图 4.21 中所示

范围稍大。同样以 50Ω·m 为异常阈值，其左右边界的定位误差最大值分别为 10% 和 15%，陷落柱边界的定位误差明显高于图 4.21 所示联合反演结果，但是相对于图 4.19 所示的 2.5 维反演结果，异常范围得到了明显收缩，其形状能够与陷落柱基本吻合。虽然地震解释不够准确，但是通过交叉梯度联合反演的方法仍然能够较准确地得到陷落柱位置与空间形态。

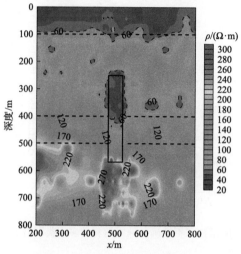

图 4.23　陷落柱"不精确"地震解释的联合反演成果图

4. 基于"不精确"地震解释的多聚类联合反演

对于地震解释陷落柱不精确的情况，采用多聚类的思想，在陷落柱位置再解释出两条边界，使其聚类后与陷落柱模型设置一致，即将地震解释剖面分为六类，计算各类的属性值分别为 184.69、193.78、199.49、204.10、208.36 和 215.83，得到聚类图如图 4.24 所示。

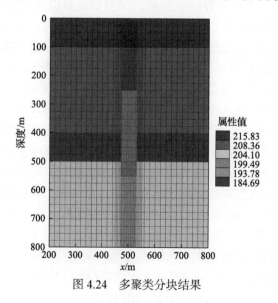

图 4.24　多聚类分块结果

图 4.25 为多聚类联合反演电阻率剖面图，与前文一致，以 50Ω·m 为异常阈值，其左

右边界的定位误差最大值分别为 5%和 10%；陷落柱边界的定位误差相对图 4.23 所示联合反演结果有所提高，说明采用多聚类联合反演可以有效提高陷落柱的定位精度。

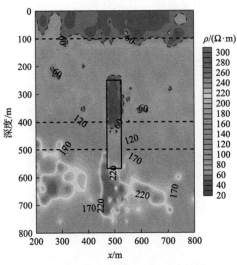

图 4.25　陷落柱"不精确"地震解释的多聚类联合反演成果图

4.3　瞬变电磁法与可控源音频大地电磁法联合反演

　　结合上面电磁法与地震联合反演导水陷落柱的效果可以看出，相对单一方法，联合反演能显著提高对导水陷落柱的定位精度。然而，在地震资料不理想，甚至缺少地震资料的情况下，将可能导致联合反演方法难以达到预期结果或无法开展联合反演。但单一方法反演结果受体积效应和多解性的影响，探测精度难以满足实际煤矿安全生产需求（Ren et al., 2020）。在此条件下，为降低单方法反演的多解性，充分发挥电磁法探测的优势，必须进一步研究电磁法之间的联合反演效果。通过搜寻同时满足两种方法数据的共同模型，使电磁法之间相互约束，优势互补，是精细定位地质构造的可行途径（Cheng et al., 2015; Callardo et al., 2004）。根据场源的不同，电磁法之间的联合反演属于相同物性之间的联合反演，如可控源电磁法和大地电磁法联合反演（Sasaki, 2013）、瞬变电磁法和大地电磁法联合反演（Lichoro et al., 2017）、可控源音频大地电磁法与大地电磁法联合反演（Wang et al., 2017）、直流电阻率法与瞬变电磁法联合反演（Dong et al., 2022）。这些研究都表明，电磁法之间联合反演在降低单一方法多解性、提高地质体分辨率方面具备较好的优势。瞬变电磁法与可控源音频大地电磁法联合反演属于相同物性的联合反演，目前这类联合反演研究偏少，Liu 等（2012）实现了两种方法的一维 Occam 联合反演。此外，相对于二维反演，拟二维反演是基于成熟的一维反演理论，且不需要考虑模型边界条件。拟二维反演通过在联合反演公式中加入测点之间的横向约束条件，能够使结果电性圆滑变化，更符合实际地质情况。目前，拟二维反演已成功用于电磁法等的反演中（Martínez-Moreno et al., 2015; Ogunbo et al., 2014）。

　　为了提高单一电磁法探测导水通道的精度，在瞬变电磁法与可控源音频大地电磁法单方法拟二维反演的基础上，建立瞬变电磁法与可控源音频大地电磁法联合反演目标函数，进行瞬变电磁法与可控源音频大地电磁法的拟二维联合反演研究(Dong et al., 2021)。

4.3.1 瞬变电磁法与可控源音频大地电磁法联合反演方法

1. 瞬变电磁法拟二维反演

以瞬变电磁法拟二维反演为例，将测线方向定义为 x 方向，将每个测点当作一列纵向网格，分别对应单个一维正演模型，网格间距为点距，网格数即为测点数，记为 p。沿深度 z 方向的网格间距为单点的地层厚度间隔，每列网格数等于一维正演模型总层数，记为 q。在瞬变电磁法一维奥卡姆(Occam)反演的基础上，加入测点间的横向约束条件，将所有测点的实测数据融入共同的反演目标函数中，这样每个测点的反演结果都能影响最终的目标函数。设单点共 n 个模型参数，记 $x_t = (m_1, m_2, \cdots, m_n)$，所有测点模型参数记为定义模型 X 的参数：

$$X = [x_1, x_2, x_3, \cdots, x_n] \tag{4.33}$$

对瞬变电磁法拟二维反演而言，在目标函数中同时引入 x 与 z 方向的粗糙度矩阵，使同一测线上所有测点的一维模型能够横向关联，目标函数如下：

$$\phi_t(X) = \frac{1}{p \cdot q} \left\| \frac{d_t - f_t(X_t)}{d_t} \right\|^2 + \omega_x \left\| L_x X_t \right\|^2 + \omega_z \left\| L_z X_t \right\|^2 \tag{4.34}$$

式中，$\phi_t(X)$ 为目标函数；d_t 为待拟合数据；$f_t(X_t)$ 为模型正演结果，p 和 q 分别为模型横向和纵向网格节点数。$\left\| (d_t - f_t(X_t)) / d_t \right\|^2$ 为数据拟合项，记为 $\phi_d(m)$；$\left\| L_x X_t \right\|^2$ 为 x 方向的模型光滑项，记为 $\phi_x(m)$，L_x 是 x 方向的粗糙度矩阵；$\left\| L_z X_t \right\|^2$ 为 z 方向的模型光滑项，记为 $\phi_z(m)$，L_z 为 z 方向的粗糙度矩阵。ω_x 和 ω_z 为加权算子，分别用于平衡模型横向与纵向的光滑度，初始取值为 $\omega_x^{(0)} = g \cdot \phi_x(m)/\phi_d(m)$，$\omega_z^{(0)} = h \cdot \phi_z(m)/\phi_d(m)$。当迭代第 $k+1$ 次时，$\omega_x^{(k+1)} = \text{step}x \cdot \omega_x^{(k)}$，$\omega_z^{(k+1)} = \text{step}z \cdot \omega_z^{(k)}$，其中 g 和 h 为缩放系数，$\text{step}x$ 和 $\text{step}z$ 为调整系数，取值为 0.5～0.9。当 ω_x 和 ω_z 低于某个值 ω 时，它们的值不再改变。

模型参数增量为

$$\Delta X_t = (A_t^T A_t + \alpha I + \omega_x L_x^T L_x + \omega_z L_z^T L_z)^{-1} [A_t^T b_t - \omega_x L_x^T L_x X_t^{kT} - \omega_z L_z^T L_z (X_t^k)^T] \tag{4.35}$$

$$X_t^{k+1} = (1 - \omega) X_t^k + \omega \left[b_t - \sum_{j=1}^{i-1} A_t(i, j) X_{ti}^{k+1} - \sum_{j=i+1}^{p} A_t(i, j) X_{ti}^k \right] \bigg/ A_t(i, j) \tag{4.36}$$

式中，ΔX_t 为第 k 次迭代的模型增量；A_t 为雅可比矩阵；b_t 为反演数据；I 为单位矩阵；L_x 和 L_z 为粗糙度矩阵；X_t^k 为第 k 次迭代的模型参数；X_t^{k+1} 为第 $k+1$ 次迭代的模型参数；α 为阻尼因子，用于平衡瞬变电磁反演的稳定度和收敛速度，一般取适当的小正数。式(4.36)中的 ω 为加权算子，$\omega = \omega_{\max} - (\omega_{\max} - \omega_{\max})/k_{\max} \times k$。不同于瞬变电磁与地震联合反演时采用的最小二乘反演算法，这里联合反演采用超松弛迭代算法(Huang et al.,

2020)，其中 $A_t(i,j)$ 为雅可比矩阵对角线上的值，$\overline{X_t}^{k+1}$ 为参数加权平均值。

2. 可控源音频大地电磁法拟二维反演

取可控源音频大地电磁法视电阻率对数作为反演拟合数据，拟二维反演的目标函数为

$$\Phi_c(X) = \frac{1}{p \cdot q}\left\|\frac{\lg(\rho_s^c) - \lg(\rho_s(X_c))}{\lg(\rho_s^c)}\right\|^2 + \omega_x\|L_x X_c\|^2 + \omega_z\|L_z X_c\|^2 \quad (4.37)$$

可控源音频大地电磁法反演时的相关参数增量为

$$\Delta X_c = (A_c^T A_c + \lambda_c I + \alpha L_x^T L_x + \omega_z L_z^T L_z)^{-1}[A_c^T b_c - \omega_x L_x^T L_x (X_c^k)^T - \omega_z L_z^T L_z (X_c^k)^T] \quad (4.38)$$

$$X_c^{k+1} = (1-\omega)X_c^k + \omega\left[b_c - \sum_{j=1}^{i-1} A_c(i,j)X_{ci}^{k+1} - \sum_{j=i+1}^{p} A_c(i,j)X_{ci}^k\right]\Bigg/ A_c(i,j) \quad (4.39)$$

式(4.37)~式(4.39)中的相关参数及其意义与4.1节中瞬变电磁法拟二维反演理论中相似，仅数据拟合项有改变，这里不再赘述。

3. 联合反演目标函数

在单方法拟二维反演的基础上，建立瞬变电磁法和可控源音频大地电磁法拟二维联合反演目标函数：

$$\phi = \frac{1}{p \cdot q}\left[\lambda \cdot \left\|\frac{d_t - f_t(X_t)}{d_t}\right\|^2 + \mu \cdot \left\|\frac{\lg \rho_s^c - \lg \rho_s(X_c)}{\lg \rho_s^c}\right\|^2\right] + \omega_x\|L_x X\|^2 + \omega_z\|L_z X\|^2 \quad (4.40)$$

式中，ϕ 为联合反演目标函数；右边第一项为瞬变电磁法数据拟合项；第二项为可控源音频大地电磁法数据拟合项；λ 和 μ 为自适应权重系数，用于平衡两种方法对目标函数贡献的权重，采用使两种方法的数据拟合项误差值与其中相对较小值始终保持相同数量级的原则。记 $\zeta_t = \|(d_t - f_t(X_t))/d_t\|^2$，$\zeta_c = \left\|(\lg \rho_s^c - \lg \rho_s(X_c))/\lg \rho_s^c\right\|^2$。若 $\zeta_t > \zeta_c$，则 $\lambda = \zeta_T/10^{\lfloor\lg\zeta_t\rfloor - \lfloor\lg\zeta_c\rfloor}$；否则，$\mu = \zeta_c/10^{\lfloor\lg\zeta_c\rfloor - \lfloor\lg\zeta_t\rfloor}$。

结合瞬变电磁法和可控源音频大地电磁法拟二维联合反演目标函数，设置合理的目标函数误差与迭代次数，采用超松弛迭代算法，通过将计算的正演结果不断逼近实测值，最终便可获得真实的地下介质的电阻率参数。

4.3.2 瞬变电磁法与可控源音频大地电磁法联合反演算例

为研究联合反演法对大埋深、小尺度导水陷落柱的探测效果，选择陷落柱直径50m、高度300m和埋深250m全含水陷落柱三维地质模型，验证不同方法拟二维反演陷落柱的效果。以三维含水陷落柱地质-地球物理模型为例进行联合反演研究(与图2.1一致)，模

型参数和表 2.1 中相同，导水陷落柱直径为 50m，电阻率为 1Ω·m。瞬变电磁法及可控源音频大地电磁法均取 31 个测点，其中 16 号测点位于陷落柱中心最上方，点距 10m，测线长 310m。瞬变电磁法采用大定源装置，发射框边长 600m，供电电流 12A，接收线圈面积 1m^2，采样时间为 [10^{-4}s，10^{-2}s]，对数间隔取 50 个时间点。可控源音频大地电磁法发射源长 2.0km，距测线垂向距离 4.5km，采用频点范围 f=[2048, 1024, 512, 256, 128, 64, 32, 16, 8, 4, 2]。定义 X 方向与发射源平行，Y 方向与发射源垂直。

采用第 2 章中瞬变电磁法和可控源音频大地电磁法正演模拟方法，获得两种方法的三维电磁场响应，并且各加入 5% 的随机噪声作为待反演的模拟数据，分别进行单方法与两种方法的拟二维联合反演数值实验。反演时设模型单层厚度 20m，共 30 层。目标函数的最小误差限设为 $1×10^{-6}$，迭代次数设为 5 次。图 4.26 是三种方法反演得到的电阻率

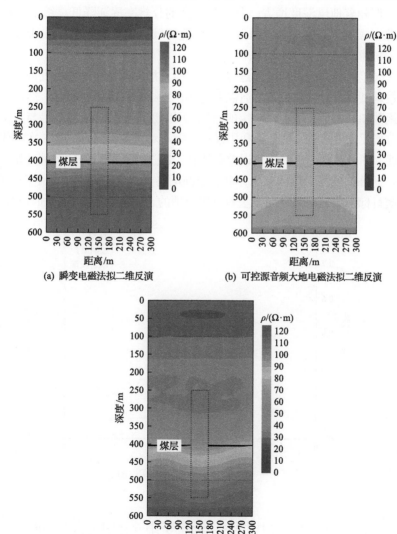

图 4.26　不同方法反演结果对比

断面图，图中深度 100m 和 500m 位置的蓝色水平虚线代表地层分界面，图中蓝色柱状虚线标记了地质模型中含水陷落柱(直径 50m)范围。对比图 4.26 中不同方法反演结果可以看出，各电阻率剖面图基本都能反映实际地层电性变化特征，其中横向层状电性特征较明显。当深度小于 100m 时，电阻率相对偏低，对应第四系地层。随着深度增大，地层进入厚砂岩层，电阻率有所升高，至灰岩层后，剖面中电阻率继续增大。此外，含水陷落柱的存在，导致电阻率等值线发生一定的弯曲，其中瞬变电磁法反演结果对含水陷落柱的反映相对较弱，等值线弯曲不明显，而可控源音频大地电磁法在陷落柱位置的等值线向下弯曲相对较明显，但两种方法在陷落柱位置的电阻率偏大。相对而言，瞬变电磁法与可控源音频大地电磁法联合反演结果中，陷落柱位置的电阻率相对偏低，等值线明显向下弯曲，于陷落柱中间位置的等值线曲率达到最大，向两侧的电阻率等值线逐渐趋于层状特性。但随着地层深度增大，其对陷落柱的分辨率逐渐降低。综上所述，瞬变电磁法与可控源音频大地电磁法拟二维联合反演能够较准确地反映陷落柱的富水性和大致范围，探测分辨率明显优于单一方法。

反演迭代误差代表迭代过程的前进方向，它能直接反映迭代过程的发散与收敛，从而指导反演参数调试等。一般来说，反演误差越小，意味着反演效果越好。然而，不同反演方法的目标函数和数据量级等存在一定的差别，因此还需要结合反演结果与真实模型的吻合情况具体分析反演效果。图 4.27 是利用最小二乘法对上述不同方法经 5 次迭代反演后得到的误差曲线。图中不同方法的迭代误差曲线在 3 次迭代后的下降趋势都开始变缓，且逐渐趋于稳定。此外，从图中可以看出，联合反演的终止迭代误差大于其中任一单一方法，这是联合反演目标函数采用将不同方法数据拟合项的二阶范数项直接相加导致的。

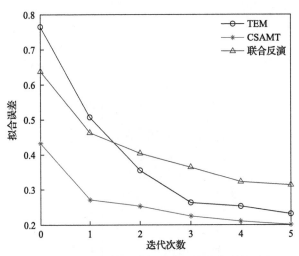

图 4.27　拟二维单方法与联合反演迭代误差对比

4.4　核磁共振法与瞬变电磁法联合反演

核磁共振也称为磁共振(magnetic resonance sounding，MRS)，是在置于地表的线圈中通以交变电流，产生的磁场使地下水中的氢质子从低能级跃迁至高能级；当关断电流停止激发后，质子随之回到低能级状态，由接收线圈探测携带地下水信息的磁共振信号（林婷婷等，2017），探测基本原理如图 4.28 所示。由定义可知，该方法是一种能够直接定性、定量分析地下含水量的地球物理探测方法，无须进行钻探工作便可以获取地下水的分布情况，但是其受地电结构影响较大，不准确的电阻率分布信息可能会导致核磁共振反演结果与实际相差较大。

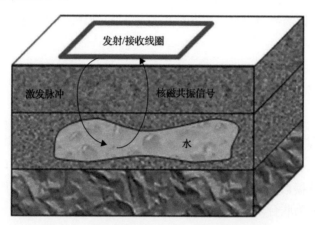

图 4.28　核磁共振探测地下水基本原理示意图

因为瞬变电磁法具有高效率、高分辨率和大探测深度等优点，能够有效获取地下几百米范围内的电阻率信息，所以利用核磁共振法与瞬变电磁法联合反演是提高含水层解释结果精度的有效途径之一。Legchenko 等（2009）率先实现了核磁共振法与瞬变电磁法的联合解释。研究表明，联合解释精度明显高于传统核磁共振解释方法。林婷婷等（2017）综合利用核磁共振法与瞬变电磁法，准确地获取了地下含水层的分布情况。万玲等（2013）利用自适应遗传算法实现了核磁共振法与瞬变电磁法的联合反演，提高了反演精度。李狄等（2015a）将瞬变电磁法电阻率结果作为核磁共振法反演的先验信息，开展了核磁共振法与瞬变电磁法的联合解释。虽然国内外在核磁共振法与瞬变电磁法联合解释与联合反演方面已经有了一定的研究成果，但是传统的核磁共振法与瞬变电磁法联合反演忽略了地下含水结构的横向连续，这无疑会降低反演结果的准确度，所以在联合反演过程中加入电性参数的横向约束条件，会得到更加准确的反演结果。

4.4.1　核磁共振法与瞬变电磁法联合反演方法

1. 联合反演目标函数

用对数形式标识任意测点的核磁共振法与瞬变电磁法的观测数据为

$$d_{\text{obs}i} = \left[\ln\left(V_{\text{TEM}i}, \ln V_{\text{MRS}i}\right)\right]^{\mathrm{T}} \tag{4.41}$$

式中，$d_{\text{obs}i}$ 为第 i 个测点的观测数据；$V_{\text{TEM}i}$ 和 $V_{\text{MRS}i}$ 分别为第 i 个测点的瞬变电磁和核磁共振响应值。

正演模型参数由该测点地下各层的视电阻率、层厚度和含水量构成，对模型各参数取对数，则第 i 个测点的模型参数可以表示为

$$m_i = [\ln \rho_{i,1}, \ln \rho_{i,2}, \cdots, \ln \rho_{i,n}, \ln h_{i,1}, \ln h_{i,2}, \cdots, \ln h_{i,n}, \ln w_{i,1}, \ln w_{i,2}, \cdots, \ln w_{i,n}] \quad (4.42)$$

式中，m_i 为第 i 个测点的模型参数；$\rho_{i,j}$、$h_{i,j}$ 和 $w_{i,j}$ 分别为第 i 个测点第 j 层的视电阻率、层厚度以及含水量；n 为模型的层数。

联合反演的目标函数由瞬变电磁与核磁共振两部分数据共同构成，建立加权联合反演目标函数为

$$\phi = \varphi_{\text{TEM}} \left\| D_{\alpha} \left[V_{\text{TEM}}^{\text{obs}} - A_{\text{TEM}}(\rho, h) \right] \right\|^2 + \varphi_{\text{MRS}} \left\| D_{\beta} \left[V_{\text{MRS}}^{\text{obs}} - E_{\text{MRS}}(w, h) \right] \right\|^2 + \lambda \left\| Cm \right\|$$
$$(4.43)$$

式中，ϕ 为联合反演目标函数；$V_{\text{TEM}}^{\text{obs}}$ 和 $V_{\text{MRS}}^{\text{obs}}$ 分别为瞬变电磁法和核磁共振法的观测数据；$A_{\text{TEM}}(\rho, h)$ 和 $E_{\text{MRS}}(w, h)$ 分别为瞬变电磁和核磁共振的正演响应数据；D_{α} 和 D_{β} 分别为瞬变电磁和核磁共振数据及噪声的不确定度；φ_{TEM} 和 φ_{MRS} 分别是两者的加权系数；C 为平滑度矩阵；m 为联合反演模型；λ 为正则化参数。

2. 光滑度约束矩阵

为了减少相邻测点之间的电阻率、层厚度与含水量参数的差异，在反演过程中引入模型光滑约束。根据两点光滑约束方程可得到

$$R_{\text{p}} m - e_{\text{rp}} = 0 \quad (4.44)$$

在式 (4.44) 两侧减去 $R_{\text{p}} m_0$，可得

$$R_{\text{p}} \Delta m = \Delta r_{\text{p}} + e_{\text{rp}} \quad (4.45)$$

式中，Δr_{p} 为初始模型粗糙度，$\Delta r_{\text{p}} = -R_{\text{p}} m_0$，$m_0$ 为初始模型参数；Δm 为模型参数变量；e_{rp} 为相邻两测点之间模型参数的变化；R_{p} 为光滑度约束矩阵。

3. 层厚度约束矩阵

对纵向各层进行视深度约束，能够达到光滑层界面以及增加各层之间连续性的目的，公式为

$$R_{\text{t}} m - e_{\text{rt}} = 0 \quad (4.46)$$

在式 (4.46) 两侧减去 $R_{\text{t}} m_0$，可得

$$R_{\text{t}} \Delta m = \Delta r_{\text{t}} + e_{\text{rt}} \quad (4.47)$$

式中，$\Delta r_t = -\boldsymbol{R}_t m_0$ 为初始厚度参数的粗糙度；e_{rt} 为相邻两测点之间层界面深度的变化；$\boldsymbol{R}_t$ 为层厚度约束矩阵。

4. 整体反演方程建立及求解

根据联合反演的观测数据 d_{obs} 与模型参数 m 之间存在的复杂非线性关系，对数据拟合方程进行一阶泰勒展开：

$$d_{\mathrm{obs}} \approx F(m_0) + \boldsymbol{G} \times (m - m_0) + e_{\mathrm{obs}}$$

式中，d_{obs} 为联合反演数据；F 为联合响应函数；m_0 为模型初值；m 为联合反演迭代模型；$\boldsymbol{G}$ 为雅可比矩阵；e_{obs} 为截断误差。移项后可得：

$$\Delta d_{\mathrm{obs}} = \boldsymbol{G}\Delta m + e_{\mathrm{obs}} \tag{4.48}$$

其中，$\Delta d_{\mathrm{obs}} = d_{\mathrm{obs}} - F(m_0)$；$\Delta m = m - m_0$；$\boldsymbol{G} = \mathrm{diag}(G_1, G_2, \cdots, G_M)$ 为各测点的雅可比矩阵按对角线排列后的新雅可比矩阵。

$$\boldsymbol{G}_{i,j} = \frac{\Delta V_{iz}}{\Delta m_{i,j}} = \frac{V_{iz}(m_{i,j} + \Delta m_{i,j}) - V_{iz}(m_{i,j})}{\Delta m_{i,j}} \tag{4.49}$$

则任意测点的雅可比矩阵可以表示为

$$\boldsymbol{G}_i = [\boldsymbol{G}_{i,1}, \boldsymbol{G}_{i,2}, \cdots, \boldsymbol{G}_{i,3N-1}] \tag{4.50}$$

式中，$\boldsymbol{G}_{i,j}$ 为第 i 个测点第 j 个模型参数的雅可比矩阵；V_{iz} 为第 i 个测点的垂直磁场模型正演值；$m_{i,j}$ 为第 i 个测点第 j 个模型参数；$\boldsymbol{G}_i$ 为第 i 个测点的雅可比矩阵；N 为模型分层数。

联合数据拟合方程与约束方程，得到总体反演方程为

$$\begin{bmatrix} \boldsymbol{G} \\ \boldsymbol{I} \\ \boldsymbol{R}'_p \\ \boldsymbol{R}'_t \end{bmatrix} \Delta m = \begin{bmatrix} \Delta d_{\mathrm{obs}} \\ \Delta m_{\mathrm{prior}} \\ \Delta r'_p \\ \Delta r'_t \end{bmatrix} + \begin{bmatrix} e_{\mathrm{obs}} \\ e_{\mathrm{prior}} \\ e'_{rp} \\ e'_{rt} \end{bmatrix} \tag{4.51}$$

简化后可得

$$A\Delta m = \boldsymbol{D} + \boldsymbol{e} \tag{4.52}$$

为了选取最合适的 Δm，引入残差平方和函数：

$$S(\Delta m) = \|A\Delta m - \boldsymbol{D} - \boldsymbol{e}\|^2 \tag{4.53}$$

当 $\Delta m = \Delta m^*$ 时，$S(\Delta m)$ 取最小值，记作

$$\Delta m^* = \arg\min(S(\Delta m)) \qquad (4.54)$$

通过对 $S(\Delta m)$ 进行微分求最值，可得

$$A^{\mathrm{T}} C^{-1} A \Delta m^* = A^{\mathrm{T}} C^{-1} D \qquad (4.55)$$

式中，C^{-1} 为协方差矩阵 C 的逆矩阵；C 为误差矩阵中各项的协方差矩阵 C_{obs}、C_{prior}、C_{rp} 和 C_{rt} 组成的对角矩阵：

$$C = \begin{bmatrix} C_{\mathrm{obs}} & 0 & 0 & 0 \\ 0 & C_{\mathrm{prior}} & 0 & 0 \\ 0 & 0 & C_{\mathrm{rp}} & 0 \\ 0 & 0 & 0 & C_{\mathrm{rt}} \end{bmatrix} \qquad (4.56)$$

则式 (4.56) 的解即为最终需要求得的模型修正值：

$$\Delta m^* = (A^{\mathrm{T}} C^{-1} A)^{-1} A^{\mathrm{T}} C^{-1} D \qquad (4.57)$$

在系数矩阵中加入阻尼因子 λ^2，将系数矩阵变为非奇异矩阵，使反演计算的解唯一确定，则有

$$(A^{\mathrm{T}} C^{-1} A + \lambda^2 I) \Delta m^* = A^{\mathrm{T}} C^{-1} D \qquad (4.58)$$

式中，I 为单位矩阵。

将矩阵 A 进行奇异值分解 (singular value decomposition，SVD)，即 $A = U\Lambda V^{\mathrm{T}}$，代入式 (4.58) 后可得

$$\Delta m^* = V(\Lambda^2 C^{-1} + \lambda^2 I)^{-1} \Lambda C^{-1} U^{\mathrm{T}} D \qquad (4.59)$$

模型修正迭代式可表示为

$$m^{k+1} = m^k + \Delta m^* \qquad (4.60)$$

式中，m^{k+1} 是第 $k+1$ 次的迭代模型。

4.4.2 核磁共振法与瞬变电磁法联合反演算例

根据核磁共振法与瞬变电磁法空间约束联合反演的原理和反演流程，设计空间约束联合反演程序，通过理论模型仿真反演验证其可行性。设计三层理论模型的仿真试验，通过对比传统一维无约束联合反演和基于空间约束两种方法的反演结果，证明空间约束联合反演算法的有效性。

1. 多条测线模型的建立

设置一个三层复杂大地空间模型，如图 4.29(a) 和 (b) 所示，图 4.29(a) 为电阻率理论模型，图 4.29(b) 为含水量理论模型。第一层为均匀覆盖地表结构，电阻率为 40Ω·m，含水量为 20%，深度范围为 0~10m；第二层是呈阶梯状且层厚度逐渐加深、覆盖范围逐渐缩小的地下高阻体结构，电阻率为 100Ω·m，含水量为 10%，深度范围为 10~70m（第二层阶梯状大地结构设置主要为检验反演算法的边界处理能力和成像结果分辨率）；第三层是主要含水结构，电阻率为 5Ω·m，含水量为 40%，深度范围为 10~100m。

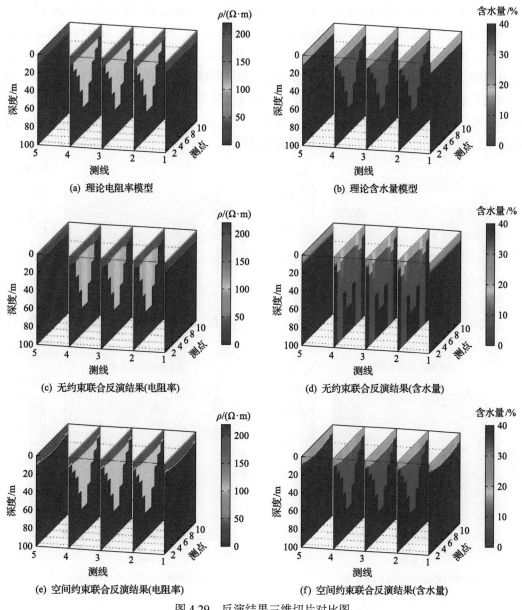

图 4.29 反演结果三维切片对比图

核磁共振法采用同一回线装置,100m×100m 单匝线圈,地磁倾角 60°,地磁偏角 0°,拉莫尔(Larmor)频率设为 2282Hz。激发脉冲矩设为 20 组,分别从 0.15～15A·s 按指数分布排列。瞬变电磁法采用 100m×100m 单匝发射线圈,发射电流和接收线圈等效面积全部归一化。设置一个测区内 5 条测线,每条测线 10 个测点,共 50 个测点的联合探测数据参与反演。

2. 多条测线模型反演结果分析

反演初始模型参数为随机设置,反演迭代次数设置 10 次,分别运用无约束和空间约束联合反演算法进行反演计算及三维成像。无约束联合反演结果三维切片图如图 4.29(c)和(d)所示,第三条测线结果成像如图 4.30(c)和(d)所示,图 4.30(c)为无约束联合反演电阻率结果,图 4.30(d)为无约束联合反演含水量结果。在空间约束联合反演过程中,针对电阻率、含水量等参数的水平层状约束权重和层厚度参数纵向深度约束权重设置不同的加权系数进行多次反演计算,经过对比得到最优结果的三维切片图如图 4.29(e)和(f)所示,第三条测线结果成像如图 4.30(e)和(f)所示,图 4.30(e)为空间约束联合反演电阻率结果,图 4.30(f)为空间约束联合反演含水量结果。

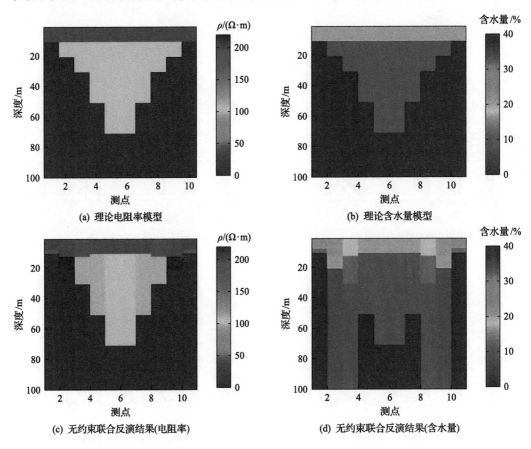

(a) 理论电阻率模型

(b) 理论含水量模型

(c) 无约束联合反演结果(电阻率)

(d) 无约束联合反演结果(含水量)

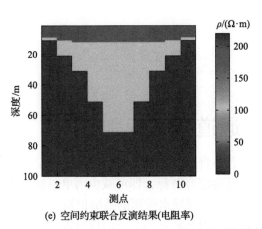
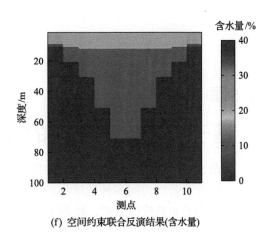

(e) 空间约束联合反演结果(电阻率)　　　　(f) 空间约束联合反演结果(含水量)

图 4.30　单条测线反演结果对比图

　　由图 4.29(c)和图 4.30(c)可见，无约束联合反演电阻率数值和地下空间结构成像与理论模型大致相符，但在第一层和第二层之间存在明显异常体，电阻率约为 180Ω·m，厚度约为 3m，水平分布于测区之内；测点 2 和测点 9 在地下 10～20m 出现明显异常体，电阻率约为 220Ω·m，垂直于测线方向水平分布于测线 2～4。由图 4.29(e)和图 4.30(e)可见，空间约束联合反演电阻率数值和地下空间结构成像与理论模型基本一致，仅在测点 1 和测点 10 地下 10m 处存在微小偏差，成像结果显示层边界清晰，空间结构连续性较好。

　　由图 4.29(d)和图 4.30(d)可见，无约束联合反演含水量对应层的数值与理论模型大致相符，但地下空间含水体结构成像与理论模型差别较大，主要为：第一层含水量水平方向连续性不佳，且与第二层之间层边界不清晰；第二层含水体在测点 2、3、8、9 处存在明显异常体，含水量数值范围为 10%～20%，垂直于测线方向水平分布于测线 2～4。由图 4.29(f)和图 4.30(f)可见，空间约束联合反演含水量数值和地下空间结构成像与理论模型基本一致，仅在测点 1 和测点 10 地下 10m 处存在微小偏差，成像结果显示层边界清晰，空间结构连续性较好。

第 5 章

基于多场信息融合的导水通道精细识别

目前，用于煤矿导水通道探测的技术方法都有各自的特点和优势，也存在一定的局限性。因此，若能协同多种地球物理场进行导水通道综合解释，即可减少因单一地球物理方法的不足而造成的误差，得到更加准确的结果，实现导水通道的精细识别。

近些年来，除联合反演技术之外，信息融合技术因其超强的时空信息覆盖、信息提取和综合能力而得到飞速发展，并逐渐成为信息处理领域的主流处理手段之一。信息融合技术能对不同来源的多种特征进行处理，因而可将其引入多种地球物理场的导水通道精细识别中。本章将以导水陷落柱为例，结合地震和瞬变电磁法探测数据，对提取后的地震波场特征和电磁场特征进行融合，实现地下导水通道精细定位。

5.1 信息融合算法

信息融合过程可分为三个级别，即数据级信息融合、特征级信息融合和决策级信息融合(梁跃强，2018)，它们之间的关系如图 5.1 所示。数据级信息融合是将未经处理的同一传感器的原始数据直接用于融合，属于低层次融合。这种融合过程的优点是能比其他融合方法获取更丰富的信息，但同时也更容易受到干扰信息的影响，从而对算法的容错性要求更高，存在明显的盲目性。特征级信息融合是从多源数据中提取特征，可以有效压缩信息并保留原始数据中的重要信息，提高决策结果的可靠性和准确性。决策级信息融合是对目标的初步结果进行进一步的融合判断得到最终结果。

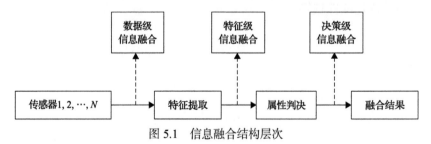

图 5.1 信息融合结构层次

信息融合算法可分为两类：经典算法和现代算法，具体的算法如图 5.2 所示。经典融合算法是一类基于经典数学的算法，如贝叶斯估计、加权平均、极大似然估计、D-S(Dempster-Shafer)证据理论和卡曼滤波。现代融合算法是在人工智能和现代信息理论基础上开发的一类算法，如聚类分析、模糊逻辑、神经网络、小波理论、粗糙集理论和支持向量机等方法。

在众多的信息融合方法中，常用于分类预测的方法包括人工神经网络、支持向量机、极限学习机（extreme learning machines，ELM）、决策树与随机森林等。而在实际应用中，人工神经网络是基于仿真人脑神经组织而开发的计算系统，该网络系统通过大量处理单元相互连接形成，具有自组织、自学习及出色的泛化能力等优点，特别适合模式识别和各种领域的分类应用。其中，BP 神经网络（backpropagation neural network，BPNN）是目前应用较多的一种神经网络形式。

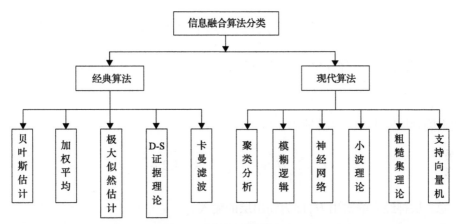

图 5.2　信息融合算法分类

5.1.1　BP 神经网络算法

BP 神经网络是从输入到输出的映射，它具有学习和存储大量输入-输出模式映射关系的强大功能，且在拟合非线性连续函数时，无须事先知道描述此映射关系的数学方程式。它又称为反向传播神经网络，常用于训练多层感知机，属于监督学习算法（谢浩，2014）。

BP 神经网络模型拓扑结构包括三层：输入层 x、隐含层 H 和输出层 O，如图 5.3 所示。每层神经元之间的输入和输出是通过相应的非线性映射实现的。其工作原理为：在网络的训练学习过程中，可以分为信号的正向传播和误差的反向传播。输入信息 x（归一化样本数据）通过输入层，逐渐向前传播，经过各个层中的神经元以产生输出，计算实际输出和期望输出之间的误差。误差会向后往输入层传播，所有的神经元会分摊误差，从而反复修正不同层的连接权值 w 和阈值 b、a。仅当误差小于设定阈值或迭代达到最大次数时，才允许输出。

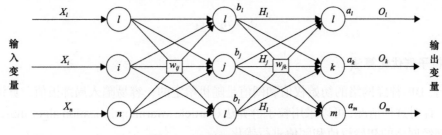

图 5.3　BP 神经网络拓扑结构

若神经网络输入层神经元数为 n，隐含层神经元数为 l，输出层神经元数为 m，初始化输入层和隐含层的连接权值为 w_{ij}，隐含层和输出层连接权值为 w_{jk}。隐含层神经元和输出层神经元的阈值分别为 b_j 和 a_k，指定学习速率和神经元激活函数。则隐含层的输入 net_j 及输出 H_j 为

$$\mathrm{net}_j = \sum_{i=1}^{n} w_{ij} x_i + b_j, \quad i = 1, 2, \cdots, n; j = 1, 2, \cdots, l \tag{5.1}$$

$$H_j = f\left(\sum_{i=1}^{n} w_{ij} x_i + b_j \right) = f(\mathrm{net}_j) \tag{5.2}$$

式中，$f(x)$ 为隐含层神经元输入映射到输出的激活函数，为 S 形函数（sigmoid 函数），即 $f(x) = \dfrac{1}{1 + \mathrm{e}^{-x}}$。

根据隐含层输出 H，计算输出层输出 O_k：

$$O_k = \sum_{j=1}^{l} H_j w_{jk} - a_k, \quad k = 1, 2, \cdots, m \tag{5.3}$$

式中，隐含层神经元的输出 H_j 即为输出层的输入。

根据网络预测输出和期望输出，计算神经网络得到的误差 e_k：

$$e_k = Y_k - O_k, \quad k = 1, 2, \cdots, m \tag{5.4}$$

式中，Y_k 为预期输出；O_k 为神经网络的实际输出。

利用误差 e_k 更新 w_{ij} 和 w_{jk}：

$$w_{ij} = w_{ij} + \eta H_j (1 - H_j) x(i) \sum_{k=1}^{m} w_{jk} e_k \tag{5.5}$$

$$w_{ij} = w_{ij} + \eta H_j e_k \tag{5.6}$$

权值的更新是与阈值同步进行的，更新隐含层神经元和输出层神经元的阈值 b_j 和 a_k：

$$b_j = b_j + \eta H_j (1 - H_j) \sum_{k=1}^{m} w_{jk} e_k \tag{5.7}$$

$$a_k = a_k + e_k \tag{5.8}$$

5.1.2 粒子群优化算法

由于 BP 神经网络的初始权值和阈值是随机给定的，容易陷入局部极值，算法学习速度慢。针对这种情况，可以采用粒子群算法（particle swarm optimization algorithm，PSO）对 BP 神经网络的初始权值和阈值进行优化。

粒子群算法源于鸟群的捕食行为，通过假设无质量粒子来模拟鸟类。粒子只有两个属性：速度和位置。速度表示粒子的移动速度，位置表示粒子的移动方向。每个粒子都有自己的速度，分别在搜索空间中搜索最优解的位置，并记录为当前的个体极值。在行

进过程中，将个体极值与整个粒子群中的其他粒子进行交换和共享，以确定在最佳位置的个体作为全局最优解，从而调整自己的轨迹来适应最佳位置(程久龙等，2014b)。粒子的速度和位置更新公式为

$$V_{id}^{k+1} = \omega V_{id}^k + c_1 r_1 (P_{id}^k + X_{id}^k) + c_2 r_2 (P_{gd}^k + X_{id}^k) \tag{5.9}$$

$$X_{id}^{k+1} = X_{id}^k + V_{id}^{k+1} \times 1 \tag{5.10}$$

式中，$d = 1, 2, \cdots, D$，D 为每个粒子的维度，由所研究的要素和结构确定。在全局优化问题明确的情况下，其值将被确定。$i = 1, 2, \cdots, N$，N 为粒子群中粒子的种群规模，通常对特定的研究问题进行特定选择。V_{id} 为当前速度；P_{id} 为粒子的局部最优解；P_{gd} 为种群的全局最优解；c_1、c_2 为恒定的非负加速因子；r_1、r_2 为一个随机分布在区间 $[0,1]$ 中的常数；k 为迭代次数；ω 为运动惯量的惯性权值；X_{id} 为当前位置。为了避免粒子随机寻优，可以将粒子的位置和速度限制在一定范围内。

如果粒子的适应度值满足预期要求或迭代次数满足设定的目标，则计算终止。否则将重新获取所有粒子的适应度进行迭代，循环以上过程。

基于粒子群算法优化的 BP 神经网络(PSO-BP)计算流程如图 5.4 所示。

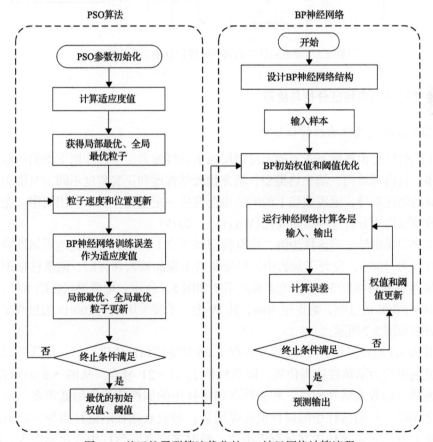

图 5.4　基于粒子群算法优化的 BP 神经网络计算流程

5.2 地球物理场特征提取

在对导水陷落柱进行探测时，地震场能较好地反映陷落柱的结构特征，而瞬变电磁场对陷落柱的富水性较为敏感，所以对地震波场和瞬变电磁场进行信息融合处理，可充分利用各自的优势，取长补短，得到更为准确可靠的结果。因为结合了地震和瞬变电磁两种数据，无法满足数据级融合传感器同质的要求，所以采用特征级融合方法实现导水陷落柱的精细定位。

图 5.5 为基于地震和瞬变电磁的导水陷落柱信息融合系统结构图。对地震和瞬变电磁数据进行特征提取，再将关联后的特征信息进行融合，最后输出有关导水陷落柱的融合结果。

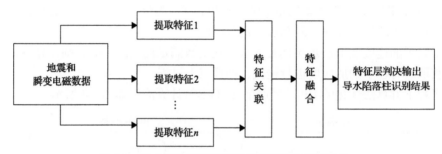

图 5.5　导水陷落柱识别特征级信息融合系统结构

5.2.1　地震属性响应特征分析与提取

1. 陷落柱地震属性响应特征分析

由于陷落柱是由奥陶系灰岩的上覆岩层在下部可溶岩层溶蚀作用下塌陷而形成的特殊地质体，其内部结构、填充物类型、填充物胶结程度和压实程度不同，与围岩相比，存在明显的物性差异，地震波场上的响应也会发生一定变化，可以利用频率、振幅以及倾角等地震属性来分析这种地质变化(Wu et al.，2019)。

以华北型煤田导水陷落柱为例，地电模型如图 2.1 所示，分析其地震属性特征。陷落柱的直径为 100m，发育于灰岩中，贯穿灰岩上覆的砂岩和煤层，陷落柱顶距第四系150m，陷落柱发育高度300m。地震观测系统如图 5.6 所示。地震测线在陷落柱正上方，道间距10m，100道接收，炮点距50m，共19炮，子波采用主频100Hz的里克子波，地震偏移剖面如图5.7 所示。

采用 Petrel 地震解释软件，沿煤层提取了 26 种地震属性值进行归一化分析，如图 5.8所示。黑色虚线为陷落柱边界位置，陷落柱位于 11～21 号点。从图 5.8(a)可以看出，均方根振幅、吸收衰减和包络三种属性在陷落柱中的属性值比煤层低很多；而相对波阻抗与之相反，在陷落柱中的属性值比煤层高；吸收衰减在陷落柱边界一定范围内具有局部极大值，在陷落柱内部具有极小值；瞬时带宽在陷落柱中变化幅度大，在煤层中平缓。从图 5.8(b)可以看出，相位余弦在陷落柱边界会出现局部极小值；瞬时频率、主频和倾角偏差在陷落柱中的变化幅度大于煤层中的变化幅度；瞬时梯度的量级在陷落柱中的属性值低于煤层；混沌体在陷落柱边界具有局部极大值。从图 5.8(c)可以看出，三维边缘强化、波阻抗和"甜点"在陷落柱中的属性值低于煤层；瞬时相位、振幅比在陷落柱边界会出现极大值；方差、曲率一致性在陷落柱边界一定范围内有局部极大值。从图 5.8(d)可以看出，中值滤波、图形均衡、去偏差和地震道梯度在陷落柱中的属性值比煤层属性值小；倾角一致性、倾角照明、三维曲率在陷落柱中变化幅度强于煤层。

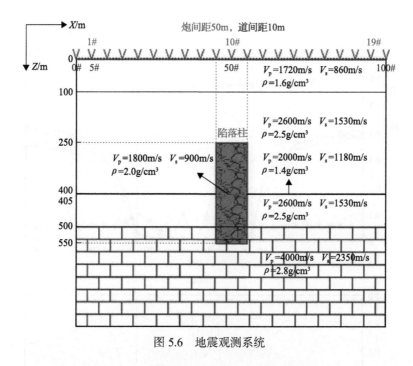

图 5.6　地震观测系统

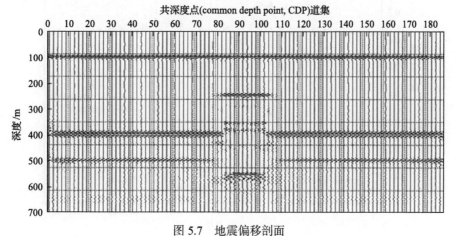

图 5.7　地震偏移剖面

通过对上述属性的对比分析,以上 26 种地震属性都能作为陷落柱物性或几何形态变化的识别标志,但并不是属性的所有变化都是由陷落柱引起的,例如,图 5.8(c)中方差属性的第 21 号点是局部极大值,对应陷落柱边界,而第 18 号点也是局部极大值,但不对应陷落柱边界,因此若只单独使用方差这一种属性,并不能完全正确识别陷落柱边界。而陷落柱上的同一数据点,对应的两种属性识别结果不同,这说明单一属性识别存在多解性,应综合利用多种属性同时识别,能够有效地减少陷落柱预测多解性,提高识别精度。

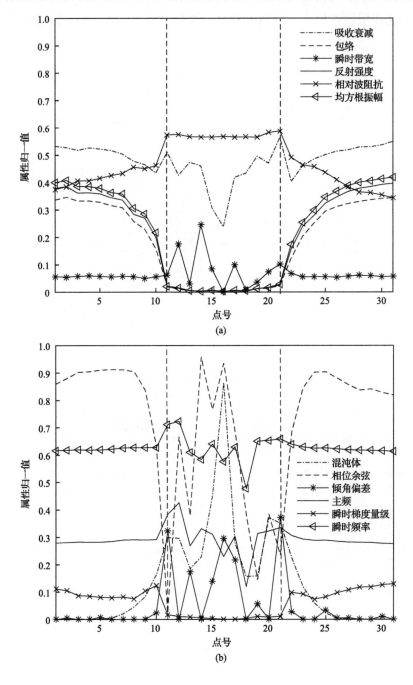

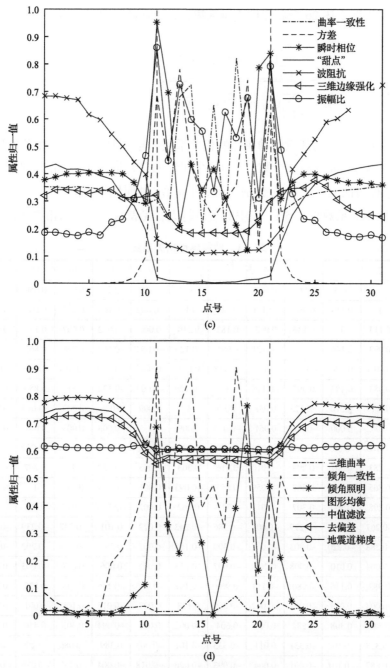

图 5.8 地震属性与陷落柱的对应关系

2. 陷落柱地震属性特征评估与选取

对陷落柱的地震属性响应特性分析可以看出，地震属性与陷落柱之间存在密切的关系。但是，这些属性之间可能具有相似性，因此应评估这些属性特征。属性特征评估的主要目的是找到独立的属性变量，并剔除高度相关的属性，以免影响后续神经网络的分类预测。

沿着煤层提取上述 26 个属性形成属性集合，计算各属性间的相关系数，计算公式为

$$R_{ij} = \frac{\sum_{k=1}^{n}(x_{ki}-\overline{x}_i)(x_{kj}-\overline{x}_j)}{\sqrt{\sum_{k=1}^{n}(x_{ki}-\overline{x}_i)^2(x_{kj}-\overline{x}_j)^2}}, \quad i,j = 1,2,\cdots,m \tag{5.11}$$

在 $(-1,1)$ 范围内，为任意两种属性的相关系数，越接近 1 或 -1，相关性越高，越接近 0，相关性越低；m 为属性个数；n 为每个属性的总数量；x_{ki}、x_{kj} 分别为第 k 个数的第 i 种和第 j 种属性值；$\overline{x}_i$、$\overline{x}_j$ 分别为第 i 种和第 j 种属性平均值。

地震属性相关系数见表 5.1，表中的数值越大，代表两个属性的相关性越强，即两种

表 5.1 地震属性相关系数

	1	2	3	4	5	6	7	8	9	10	11	12	13
1	1	0.062	−0.017	0.064	0.004	0.066	0.007	−0.065	−0.019	0.034	0.050	0.028	−0.027
2	0.062	1	0.113	0.993	−0.101	0.983	−0.119	−0.002	−0.163	0.283	0.865	0.298	−0.267
3	−0.017	0.113	1	0.146	0.003	0.183	0.210	0.000	−0.032	0.607	0.143	0.360	−0.390
4	0.064	0.993	0.146	1	−0.121	0.995	−0.123	−0.003	−0.168	0.298	0.867	0.307	−0.279
5	0.004	−0.101	0.003	−0.121	1	−0.118	0.031	0.061	−0.002	−0.010	−0.059	−0.017	−0.002
6	0.066	0.983	0.183	0.995	−0.118	1	−0.126	−0.003	−0.172	0.316	0.855	0.317	−0.286
7	0.007	−0.119	0.210	−0.123	0.031	−0.126	1	0.009	0.036	0.303	−0.093	0.262	−0.243
8	−0.065	−0.002	0.000	−0.003	0.061	−0.003	0.009	1	−0.008	0.003	0.001	0.002	0.022
9	−0.019	−0.163	−0.032	−0.168	−0.002	−0.172	0.036	−0.008	1	−0.150	−0.099	−0.172	0.101
10	0.034	0.283	0.607	0.298	−0.010	0.316	0.303	0.003	−0.150	1	0.297	0.933	−0.737
11	0.050	0.865	0.143	0.867	−0.059	0.855	−0.093	0.001	−0.099	0.297	1	0.303	−0.239
12	0.028	0.298	0.360	0.307	−0.017	0.317	0.262	0.002	−0.172	0.933	0.303	1	−0.712
13	−0.027	−0.267	−0.390	−0.279	−0.002	−0.286	−0.243	0.022	0.101	−0.737	−0.239	−0.712	1
14	−0.070	−0.288	−0.220	−0.303	−0.002	−0.309	−0.155	0.007	0.280	−0.066	−0.202	−0.023	0.083
15	0.063	−0.004	0.010	−0.008	0.268	−0.007	−0.013	0.001	0.006	0.007	−0.003	0.001	−0.001
16	0.065	0.982	0.116	0.980	−0.111	0.969	−0.107	−0.006	−0.156	0.248	0.828	0.247	−0.270
17	−0.011	−0.003	0.029	−0.001	−0.042	−0.009	0.138	0.027	−0.015	0.108	0.001	0.132	−0.126
18	0.073	0.547	0.308	0.582	0.004	0.604	−0.002	0.071	−0.094	0.303	0.440	0.259	−0.317
19	−0.080	−0.318	−0.102	−0.331	0.011	−0.333	−0.101	−0.003	0.389	−0.086	−0.209	−0.081	0.123
20	0.010	−0.087	−0.107	−0.091	0.004	−0.093	−0.026	−0.018	−0.004	−0.132	−0.076	−0.115	0.139
21	−0.057	−0.370	−0.253	−0.386	0.015	−0.395	−0.200	−0.006	0.458	−0.389	−0.294	−0.379	0.349
22	−0.072	−0.263	−0.330	−0.275	−0.006	−0.282	−0.276	0.007	0.175	−0.286	−0.202	−0.219	0.262
23	−0.001	−0.064	0.023	−0.040	0.238	−0.024	−0.004	0.318	−0.002	0.001	−0.054	0.000	0.003
24	−0.001	−0.071	0.024	−0.047	0.237	−0.031	−0.004	0.302	−0.001	−0.002	−0.057	−0.003	0.003
25	0.000	−0.062	0.024	−0.038	0.239	−0.023	−0.004	0.313	−0.002	0.002	−0.053	0.000	0.002
26	−0.001	−0.036	0.019	−0.016	0.228	−0.003	−0.007	0.352	−0.003	0.003	−0.033	0.003	0.001

续表

	14	15	16	17	18	19	20	21	22	23	24	25	26
1	−0.070	0.063	0.065	−0.011	0.073	−0.080	0.010	−0.057	−0.072	−0.001	−0.001	0.000	−0.001
2	−0.288	−0.004	0.982	−0.003	0.547	−0.318	−0.087	−0.370	−0.263	−0.064	−0.071	−0.062	−0.036
3	−0.220	0.010	0.116	0.029	0.308	−0.102	−0.107	−0.253	−0.330	0.023	0.024	0.024	0.019
4	−0.303	−0.008	0.980	−0.001	0.582	−0.331	−0.091	−0.386	−0.275	−0.040	−0.047	−0.038	−0.016
5	−0.002	0.268	−0.111	−0.042	0.004	0.011	0.004	0.015	−0.006	0.238	0.237	0.239	0.228
6	−0.309	−0.007	0.969	−0.009	0.604	−0.333	−0.093	−0.395	−0.282	−0.024	−0.031	−0.023	−0.003
7	−0.155	−0.013	−0.107	0.138	−0.002	−0.101	−0.026	−0.200	−0.276	−0.004	−0.004	−0.004	−0.007
8	0.007	0.001	−0.006	0.027	0.071	−0.003	−0.018	−0.006	0.007	0.318	0.302	0.313	0.352
9	0.280	0.006	−0.156	−0.015	−0.094	0.389	−0.004	0.458	0.175	−0.002	−0.001	−0.002	−0.003
10	−0.066	0.007	0.248	0.108	0.303	−0.086	−0.132	−0.389	−0.286	0.001	−0.002	0.002	0.003
11	−0.202	−0.003	0.828	0.001	0.440	−0.209	−0.076	−0.294	−0.202	−0.054	−0.057	−0.053	−0.033
12	−0.023	0.001	0.247	0.132	0.259	−0.081	−0.115	−0.379	−0.219	0.000	−0.003	0.000	0.003
13	0.083	−0.001	−0.270	−0.126	−0.317	0.123	0.139	0.349	0.262	0.003	0.003	0.002	0.001
14	1	0.024	−0.312	−0.174	−0.252	0.785	0.036	0.519	0.637	0.002	0.003	0.002	0.001
15	0.024	1	0.000	−0.018	0.043	0.038	−0.013	0.017	−0.013	0.005	0.007	0.005	0.004
16	−0.312	0.000	1	0.021	0.594	−0.337	−0.093	−0.375	−0.282	−0.054	−0.060	−0.053	−0.028
17	−0.174	−0.018	0.021	1	0.044	−0.134	−0.039	−0.139	−0.147	0.026	0.027	0.027	0.023
18	−0.252	0.043	0.594	0.044	1	−0.219	−0.101	−0.309	−0.262	0.123	0.119	0.118	0.140
19	0.785	0.038	−0.337	−0.134	−0.219	1	−0.028	0.638	0.506	0.002	0.003	0.002	0.000
20	0.036	−0.013	−0.093	−0.039	−0.101	−0.028	1	0.048	−0.238	0.000	0.000	0.000	0.000
21	0.519	0.017	−0.375	−0.139	−0.309	0.638	0.048	1	0.468	0.000	0.001	0.000	−0.003
22	0.637	−0.013	−0.282	−0.147	−0.262	0.506	−0.238	0.468	1	0.001	0.001	0.000	−0.001
23	0.002	0.005	−0.054	0.026	0.123	0.002	0.000	0.000	0.001	1	0.994	0.998	0.992
24	0.003	0.007	−0.060	0.027	0.119	0.003	0.000	0.001	0.001	0.994	1	0.994	0.984
25	0.002	0.005	−0.053	0.027	0.118	0.002	0.000	0.000	0.000	0.998	0.994	1	0.990
26	0.001	0.004	−0.028	0.023	0.140	0.000	0.000	−0.003	−0.001	0.992	0.984	0.990	1

注：1-吸收衰减；2-包络；3-瞬时带宽；4-反射强度；5-相对声波阻抗；6-均方根振幅；7-混沌体；8-相位余弦；9-倾角偏差；10-主频；11-瞬时梯度量级；12-瞬时频率；13-曲率一致性；14-方差；15-瞬时相位；16-"甜点"；17-波阻抗；18-三维边缘强化；19-振幅比；20-三维曲率；21-倾角一致性；22-倾角照明；23-图形均衡；24-中值滤波；25-去偏差；26-地震道梯度。

属性对陷落柱的反映非常相似。为了进一步评估各属性之间的关系，对相关系数进行 R 型聚类分析，算法采用最长距离法，评估各属性间的相关性，相关系数越高，对应的聚类值越低。

R 型聚类分析可将 26 种地震属性分为 8 个属性簇类，如图 5.9 所示。第 1 类包括图形均衡、中值滤波、去偏差、地震道梯度和相位余弦，前 4 种属性聚类值小，表明它们之间的相关系数大；第 2 类包括相对波阻抗和瞬时相位；第 3 类包括吸收衰减；第 4 类包括包络、反射强度、均方根振幅、"甜点"、瞬时梯度量级、三维边缘强化、方差、振幅比、倾角一致性和倾角照明，前4种属性间的聚类值小，相关系数大；第5类包括倾角偏差；第6类包括瞬时带宽、主频、瞬时频率、曲率一致性和混沌体；第7类包括波阻抗；第8类包括三维曲率。

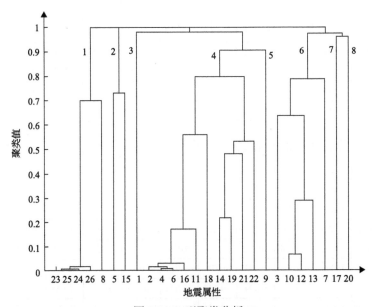

图 5.9　R 型聚类分析

　　结合各属性的地质意义、相关系数和聚类分析的结果优选属性，每类属性簇中聚类值小的属性中最多只选取一个属性，聚类值大的属性可根据其地质意义和沿层属性曲线响应特点进行适量选取，最终优选了10种相关性较差且相对独立的地震属性作为神经网络的输入特征，即吸收衰减、均方根振幅、混沌体、相位余弦、倾角偏差、瞬时频率、方差、瞬时相位、波阻抗和中值滤波。

5.2.2　瞬变电磁法电阻率属性特征分析

　　陷落柱的内部全充水后，与围岩相比，电阻率会明显降低，因此根据瞬变电磁法的特点，可提取瞬变电磁视电阻率和反演电阻率作为导水陷落柱电性特征。

　　导水陷落柱的三维地质模型和观测系统如图5.10(a)所示，模型的电阻率参数见表2.1。瞬变电磁法探测采用 600m×600m 的发射线框，测线长度 280m，测点距 20m，线框的中心点(7#测点)与陷落柱在地面投影中心重合，发射电流 2A。图 5.10(b) 为图 5.10(a) 中7#测点正演计算的感应电动势，红、蓝、绿三条曲线分别对应无陷落柱存在时的地层正演感应电动势、陷落柱含水时的感应电动势以及陷落柱不含水时的感应电动势。可以看出，陷落柱含水时，感应电动势在双对数坐标系下会明显增大，这说明瞬变电磁法对低阻含水体具有较高的敏感性。图 5.10(c) 为含水陷落柱在测线剖面上的反演电阻率，陷落柱的实际位置如图中黑色实线所示，低阻位置与陷落柱上部重合较好。图 5.10(d) 为 7#点计算出的视电阻率，存在含水陷落柱时，视电阻率降低。因此，选取视电阻率和反演电阻率作为电性特征，输入神经网络进行导水通道识别。

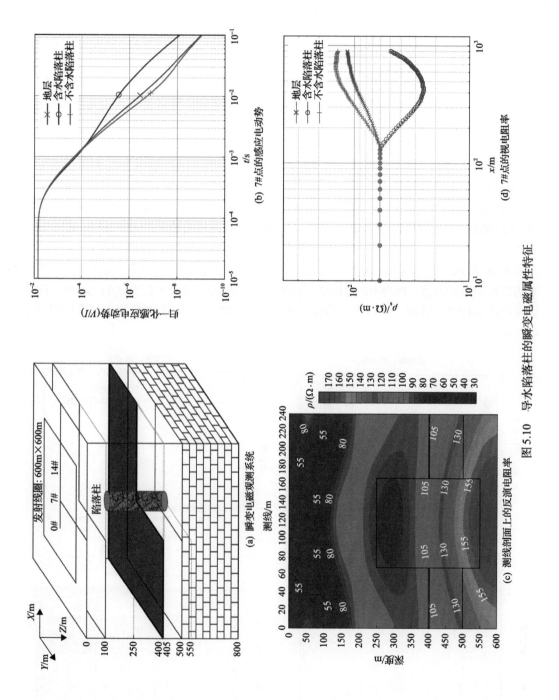

图 5.10　导水陷落柱的瞬变电磁属性特征

5.3 陷落柱多场信息融合识别

5.3.1 多种信息融合方法对比测试

选择常用的 BP 神经网络、径向基(radial basis function,RBF)神经网络、广义回归神经网络(generalized regression neural network,GRNN)、概率神经网络(probabilistic neural network,PNN)、ELM 以及 PSO-BP 神经网络六种方法来进行导水陷落柱识别效果对比。以全含水陷落柱模型数据为例,随机选取其中 70%作为训练样本,训练网络;剩余的 30%作为测试样本,将测试样本输入训练好的网络得出测试结果,利用准确率和收敛时间对结果进行评价。

图 5.11 为六种信息融合方法的识别效果图。可以看出,PSO-BP 的预测效果最优,BP 神经网络、RBF 神经网络和 PNN 神经网络次之,效果相对较差的是 GRNN 和 ELM。表 5.2 为六种信息融合方法所用时间,虽然 PNN、ELM 和 GRNN 用时较少,但正确率不及 RBF 和 BP。总体来说,BP 神经网络是最适合基于地震和瞬变电磁法探测数据的导水陷落柱识别的方法。PSO-BP 的识别正确率最高,表明采用粒子群算法对 BP 神经网络进行优化是行之有效的,这也进一步证明采用 PSO-BP 神经网络进行导水陷落柱识别是可行的。

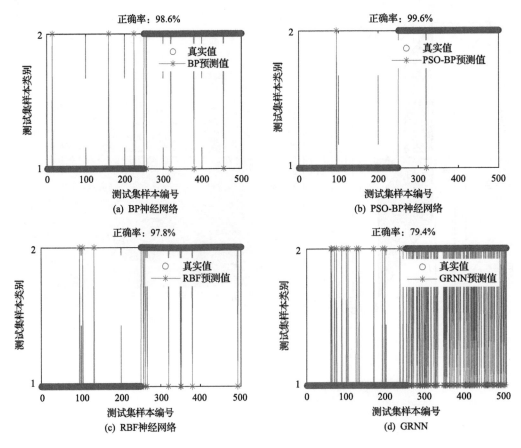

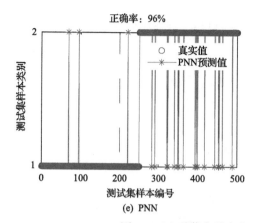
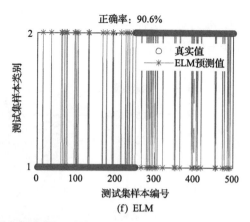

图 5.11　六种信息融合方法进行陷落柱识别效果对比图

表 5.2　六种信息融合方法识别时间对比

信息融合方法	BP	PSO-BP	RBF	PNN	ELM	GRNN
CPU 运行时间/s	4.03	33.53	25.34	0.31	0.12	0.37

5.3.2　PSO-BP 神经网络模型结构与参数选取

1. 网络模型拓扑结构的确定

一般而言，多隐含层比单隐含层网络拥有更高的识别精度，但同时网络的复杂程度也较高，导致网络训练时间会加长。实际上，降低误差和提高精度也可以通过增加隐含层的神经元数目来获得，其训练效果也比增加层数更容易调整和观察。因此，神经网络分类识别模型采用三层 BP 神经网络结构，即一个输入层、一个隐含层和一个输出层。三层 BP 神经网络陷落柱分类识别结构模型如图 5.12 所示。输入神经元 $Pi(i=1, 2, \cdots, 12)$分别对应吸收衰减、均方根振幅、混沌体、相位余弦、倾角偏差、瞬时频率、方差、瞬时相位、波阻抗、中值滤波、瞬变电磁视电阻率以及瞬变电磁反演电阻率的集合。输出神经元 T，对应模型分类。

2. 隐含层神经元个数的确定

隐含层神经元数量的选择对于训练和运行 BP 神经网络模型非常重要。如果选择的神经元太少，则训练出的神经网络的映射函数将不够精确，应用时将难以准确识别。如果选择的隐含层神经元量大，网络的迭代次数增加且时间成本增加，会降低网络的泛化能力，并最终大大降低神经网络的实用性和鲁棒性。确定适宜的隐含层神经元数目的步骤为：根据经验公式，计算出神经元数目的范围，然后计算该范围内每种神经元数对应的正确率或误差，选择网络性能最好(误差最小或正确率最高)时对应的神经元数。隐含神经元数量的选择可采用公式：

$$m = \sqrt{n+l} + \alpha \tag{5.12}$$

式中，m 为隐含层神经元数目；n 为输入层神经元数目；l 为输出层神经元数目；α 为常数，$\alpha \in [1,10]$。

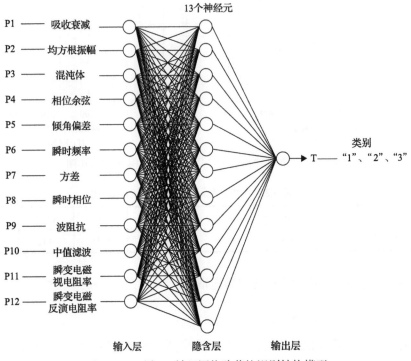

图 5.12　三层 BP 神经网络陷落柱识别结构模型

图 5.13 为隐含层节点数目与准确率的关系。可以看到，随着节点数量增加，网络识别准确率先升后降。隐含层神经元数目很少时，增加神经元个数在一定程度上可以提高识别效果。但若神经元数目过多，会产生"过拟合"现象，使得网络的泛化性降低，准确率下降，所以针对测试结果，选定隐含层神经元个数为 13。该 BP 神经网络的结构最终为 12-13-1，即 12 个输入特征，13 个隐含层神经元，1 个输出。

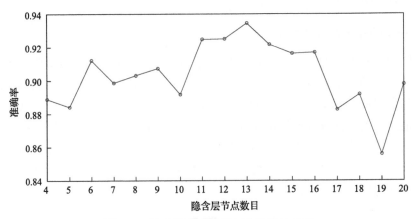

图 5.13　隐含层节点数目与准确率的关系

3. 激活函数与学习训练算法选取

激活函数同样是 BP 神经网络的重要组成部分，隐含层和输出层函数的选择对 BP 神经网络的预测精度有较大的影响。BP 神经网络常用的激活函数有 tanh 型函数、sigmoid 型函数和 purelin（线性）型函数等，如图 5.14 所示。tanh 型函数的输出值范围在区间 $[-1,1]$，输入值不限；sigmoid 型函数的输出范围在区间 $[0,1]$，输入值不限；purelin 型函数的输出范围在区间 $[0,+\infty]$，输入值不限。考虑到网络输入与输出间的非线性关系，一般隐含层激活函数采用 tanh 和 sigmoid 型函数，输出层激活函数采用 tanh 和 purelin 型函数。

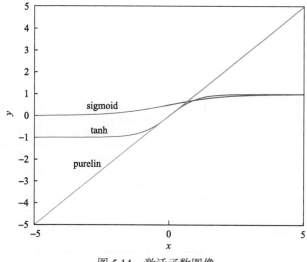

图 5.14　激活函数图像

通过多次试验比较正确率，见表 5.3，发现隐含层激活函数选用 sigmoid 型函数，输出层激活函数选用 tanh 型函数时，BP 神经网络的收敛速度最快，即发生饱和的可能性最小。

表 5.3　不同激活函数的正确率对比

隐含层	输出层		
	tanh	sigmoid	purelin
tanh	0.9985	0.5	0.9963
sigmoid	0.9988	0.5	0.9972
purelin	0.9010	0.5	0.8965

除激活函数外，训练函数也是 BP 神经网络中较为重要的参数。对于给定的神经网络结构，不同训练函数使用的训练算法具有不同的搜索方法、迭代次数、计算量、存储空间、收敛速度、计算速度和泛化能力，因此需要选择适当的训练函数。常见的学习训练算法见表 5.4。

表 5.4 学习训练算法

训练算法	字符	特点	正确率
最速下降 BP 算法	traingd	基本梯度下降法，收敛速度比较慢	0.4728
动量 BP 算法	traingdm	带有动量项的梯度下降法，通常要比 traingd 速度快	0.4510
弹性算法	trainrp	弹性 BP 算法，具有收敛速度快和占用内存小的优点	0.9717
变梯度算法	traincgf(Fletcher-Reeves 修正算法)	Fletcher-Reeves 共轭梯度法，共轭梯度法中存储量要求最小的算法，需进行线性搜索	0.9758
	traincgp(Polak_Ribiere 修正算法)	Polak-Ribiers 共轭梯度算法，存储量比 traincgf 稍大，但对特定问题收敛更快，需要进行线性搜索	0.9732
	traincgb(Powell-Beale 复位算法)	Powell-Beale 共轭梯度算法，存储量比 traincgp 稍大，但一般收敛更快，需要进行线性搜索	0.9960
	trainbfg(BFGS 拟牛顿算法)	BFGS-拟牛顿法，存储量比共轭梯度法要大，迭代时间要长，适合小型网络	0.9632
	trainoss(OSS 算法)	一步分割法，为共轭梯度法和拟牛顿法的一种折中方法	0.9762
	trainlm(LM 算法)	Levenberg-Marquardt 算法，对中等规模的网络来说，是速度最快的一种训练算法，其缺点是占用内存较大	0.9987
	trainscg	归一化共轭梯度法，是唯一一种不需要线性搜索的共轭梯度法	0.9882
	trainbr	贝叶斯规则为 Levenberg-Marquardt 算法的修改，网络泛化能力更好，降低了确定最优网络结构的难度	0.9985

目前，训练函数的选择尚无完善的理论指导，最常用的方法是 Levenberg-Marquardt (LM)算法。经试算对比发现，测试集的正确率最高的是 LM 算法(trainlm)，该算法在导水陷落柱分类中效果较好。

在 BP 神经网络中，常见的权重学习函数有梯度下降 BP 训练函数(learngd)和梯度下降自适应学习率训练函数(learngdm)，一般默认选择 learngd 函数，网络的性能函数选用均方误差(mse)。最大迭代次数设置为 200 次，训练目标最小误差设定为 0.01。学习速率影响网络学习的稳定性。较大的学习速率可能使权值修正量过大，甚至引起不收敛；学习速率过小则会增加学习时间。为保证网络学习过程的稳定性，一般倾向于选取较小的学习速率。通常学习速率的选取范围为[0.01,0.8]，因此选取的学习速率为 0.01。

4. 粒子群算法参数

PSO 算法的参数包括：种群规模 N，进化代数 M，惯性权值 ω_{max} 和 ω_{min}，加速常数 c_1 和 c_2，速度边界 V_{max} 和 V_{min}，粒子边界 X_{max} 和 X_{min}。惯性权值 ω 是 PSO 算法的一个非常重要的参数，它决定运动粒子的惯性大小。惯性权值 ω 使粒子倾向于扩大其搜索空间，并具有搜索新区域的能力。当 ω 较小时，主要为粒子群优化算法的局部搜索能力。

当 ω 较大时，主要强调了粒子群优化算法的全局搜索能力。权重计算公式如下：

$$\omega = \omega_{\max} - \frac{\omega_{\max} - \omega_{\min}}{T_{\max}} \times t \qquad (5.13)$$

式中，$\omega_{\max}$ 为最大惯性权值，典型取值 $[0.9,1.4]$；$\omega_{\min}$ 为最小惯性权值，典型取值为 0.4；$T_{\max}$ 为最大迭代次数；t 为当前迭代次数。

种群规模 N 是指在每次迭代中随机分配的粒子数。当种群较小时，粒子多样性较低，很容易陷入局部优化。如果种群规模太大，计算时间将显著延长，且当种群规模达到一定程度时，优化结果将不会有太大变化。常用的种群规模 N 为 20～40。

进化代数 M 是算法的迭代次数。当进化次数继续增加，而适应度值稳定不变时，则达到最优迭代次数。

加速度常数 c_1 和 c_2 表示将每个粒子运动至局部最优和总体最优位置的参数。采用 Clerc 在具有收缩因子的 PSO 算法中取 $c_1 = c_2 = 1.49445$。

速度边界 $V_{\max}$ 是粒子速度极限，其大小决定了粒子搜索能力的强弱，可以将其视为每次位置更新时粒子可以移动的最大距离。$V_{\max}$ 值越大，粒子搜索能力越高，但是缺点是容易忽略最佳粒子。$V_{\max}$ 值越小，局部优化能力越强，搜索范围有限，可能陷入局部极值。$X_{\max}$ 性质类似于 $V_{\max}$。最终设置的 PSO 算法具体参数见表 5.5。

表 5.5　PSO 算法参数选取

名称	参数取值
种群规模	20
最大迭代次数	20
最大惯性权值 $\omega_{\max}$	0.9
最小惯性权值 $\omega_{\min}$	0.4
加速常数 c_1	1.49445
加速常数 c_2	1.49445
速度边界	$[-1, 1]$
粒子边界	$[-5, 5]$

5.3.3　陷落柱模型算例

1. 全含水陷落柱模型

全含水陷落柱模型采用图 2.1 所示模型，地质-地球物理参数见表 2.1。地震和瞬变电磁法探测工作布置示意图如图 5.15 所示，含水陷落柱的电阻率为 $10\Omega \cdot m$。

提取前述优选的 10 种地震属性，即吸收衰减、均方根振幅、混沌体、相位余弦、倾角偏差、瞬时频率、方差、瞬时相位、波阻抗和中值滤波为地震属性特征。瞬变电磁法正

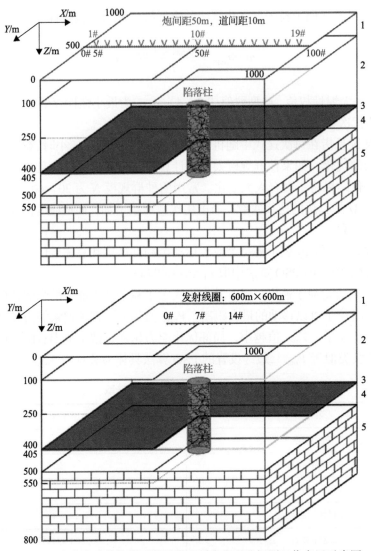

图 5.15　全含水陷落柱模型及地震和瞬变电磁法探测工作布置示意图

演数据计算视电阻率和反演电阻率为瞬变电磁电阻率特征。整理剖面特征数据形成了 PSO-BP 神经网络的样本数据，每个样本对应的类别为 "1" 或 "2"，"1" 代表陷落柱含水，"2" 代表无陷落柱。随机抽取 70%的数据作为训练样本，剩余的 30%作为测试样本。将训练样本输入 PSO-BP 神经网络进行训练，对于训练好的网络，再重新输入训练样本，得到训练样本的分类识别结果。输入测试样本，得到测试样本分类识别结果，如图 5.16 所示。

从图 5.16 可以看出，训练集和测试集的正确率分别为 99.8833%和 99.7029%，说明构建的 PSO-BP 神经网络对该全含水陷落柱模型数据具有较好的分类识别能力，能够有效地反映训练样本的内在规律。

将整个剖面的数据输入训练好的网络，得到陷落柱的剖面分类识别结果，如图 5.17

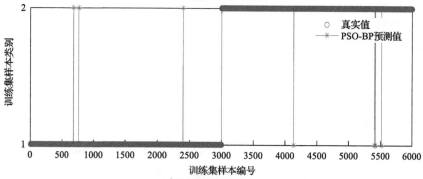

(a) 训练集预测结果(PSO-BP)

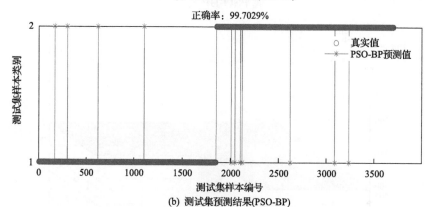

(b) 测试集预测结果(PSO-BP)

图 5.16　70%训练样本的全含水陷落柱识别结果

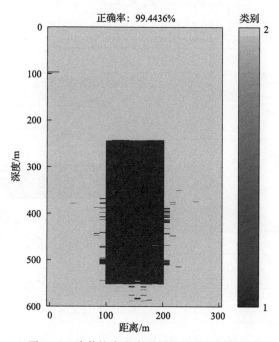

图 5.17　陷落柱全含水时剖面分类识别结果

所示。由图可知,剖面数据识别正确率可达到99.4436%,说明训练好PSO-BP神经网络具有良好的性能。预测的陷落柱顶界面在250m,底界面在550m,顶底边界清晰,250~550m为含水层。虽然在横坐标100m和200m陷落柱左右边界处有少量数据出现偏差,但仍可直观地看出陷落柱直径为100m,与理论模型吻合,进一步说明PSO-BP神经网络对全含水陷落柱有较好的分类识别能力。

2. 陷落柱部分含水模型

陷落柱部分含水模型如图5.18所示,陷落柱上半部分250~400m不含水,电阻率设置为1000Ω·m;下半部分400~550m含水,电阻率设置为10Ω·m。按前述方法提取十种地震属性特征和两种电阻率特征,形成PSO-BP神经网络的样本数据。

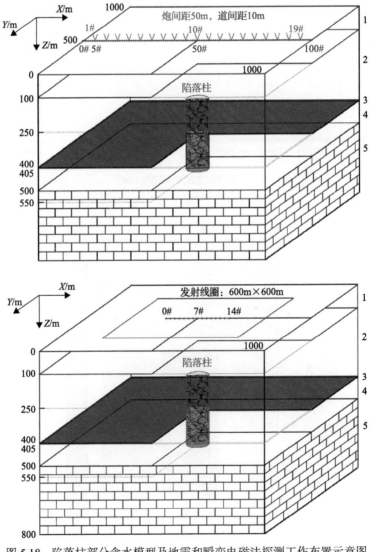

图5.18 陷落柱部分含水模型及地震和瞬变电磁法探测工作布置示意图

　　每个剖面样本数据对应的类别为"1"、"2"或"3"，"1"代表陷落柱含水，"2"代表陷落柱不含水，"3"代表无陷落柱。随机抽取 70%的数据作为训练样本，剩余的 30%作为测试样本。训练样本输入 PSO-BP 神经网络进行训练，对于训练好的网络，再重新输入训练样本，得到训练样本的分类识别结果。输入测试样本，得到测试样本分类识别结果，如图 5.19 所示。训练样本和测试样本的正确率分别为 99.5625%和 99.4852%，说明构建的 PSO-BP 神经网络对部分含水陷落柱模型也具有较好的分类识别能力。

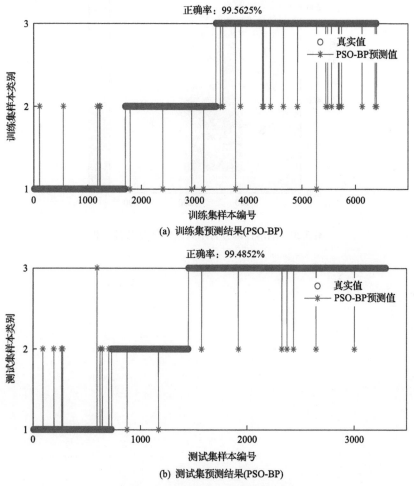

图 5.19　陷落柱部分含水输出结果

　　将整个剖面的数据输入训练好的网络，得到陷落柱的剖面分类识别结果，如图 5.20 所示。由图可知，剖面识别正确率为 99.3571%，说明训练好的网络具有良好性能。识别的陷落柱顶界面在约 250m，顶界面较清晰，在顶界面上方存在少许误差；陷落柱底界面在约 550m，底界面较清晰，存在少许误差；陷落柱左右边界在 100m 和 200m 处，左右边界清晰，右边界有少量数据出现偏差；陷落柱的水位分界线在约 400m 位置，250～400m 不含水，400～550m 含水，分界面较清晰，有少量数据出现偏差。识别结果与理论的陷落柱模型吻合较好，进一步说明 PSO-BP 神经网络对部分含水陷落柱有较好的分类识别能力。

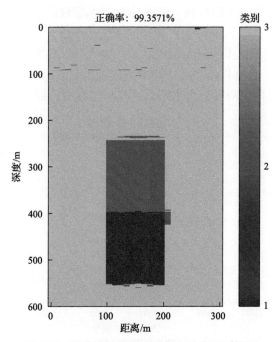

图 5.20　陷落柱部分含水时剖面分类识别结果

第 6 章

导水通道地面-钻孔地球物理精细探测技术

近几年来,利用钻孔地球物理技术进行导水通道精细探测的研究也取得了一些进展。在地下空间中,导水通道距离钻孔更近,且避免了地面探测时的一系列人为干扰,因此探测深度和精度比地面地球物理技术有明显提高。主要的地面-钻孔地球物理技术有地面-钻孔瞬变电磁法和地面-钻孔地震勘探技术。

6.1　地面-钻孔瞬变电磁法

6.1.1　地面-钻孔瞬变电磁法原理与工作方法

地面-钻孔瞬变电磁法是将钻孔与地面瞬变电磁法相结合,来探测钻孔周围低阻地质异常体的一种时间域电磁勘探方法(Wang et al., 2020)。该方法原理与常规地面瞬变电磁法一致,都是基于导电介质在阶跃变化的静磁场激发下产生的涡流场效应,即向位于地表的不接地大回线供入稳定的直流电形成激发场源后,全空间随即产生稳定的静磁场,地下介质包括异常体均位于静磁场中;关断直流电后,静磁场随之消失;根据法拉第电磁感应定律,地下介质和地质异常体为维持静磁场,内部会产生感应的涡流;接收并解译涡流场的电磁信号,即可获得地质异常体的信息。

地面-钻孔瞬变电磁法的工作方法为,首先在地面布置大回线,再在回线中供入正负交替的直流阶跃方波,通过法拉第电磁感应现象,使地下低阻异常地质体产生感应二次场;随后在钻孔中布置测线,下放三分量传感器探头进入钻孔,采集钻孔中各测点处的感应二次场;最后对采集的数据进行处理与反演,计算异常地质体的空间位置等关键信息。地面-钻孔瞬变电磁法的工作装置如图 6.1 所示。

相比于常规地面瞬变电磁法,地面-钻孔瞬变电磁法具有如下优势。

(1)接收探头位于地下钻孔中,更接近地质异常体,采集的信号中,异常场占总场的比值更高。

(2)接收探头远离地面人为干扰,采集的数据更稳定,利于发现地质异常体。

(3)接收探头采集三分量信号,通过三分量分析解释可以获得地质异常体的位置、形状、空间姿态等参数,实现目标体的三维空间定位。

地面-钻孔瞬变电磁法数据处理不同于常规电磁法的电阻率成像技术,采用等效电流环理论对三分量感应信号进行解译,实现异常体的空间定位与定量解释。

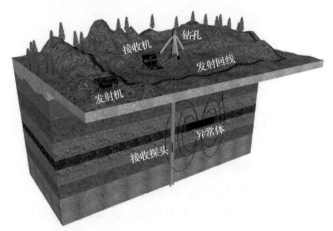

图 6.1　地面-钻孔瞬变电磁法工作装置示意图

6.1.2　异常场三分量矢量追踪定位技术

地面-钻孔瞬变电磁法定量解释理论基础包括等效电流环和空间矢量交汇技术两部分。

1. 等效电流环

设导电薄板位于均匀一次场中，当发射回线中的电流突然关断时，为了维持薄板范围内原来的一次磁场，立即感应出磁矩垂直薄板的涡流。感应涡流形成与导电薄板形状相似的电流环，早期集中在薄板边缘，然后向薄板中心扩散。这一电流分布可以用一个等效电流环表示(Barnett，1984)，如图 6.2 所示。在地面-钻孔瞬变电磁法数据采集中，回线发射一次场后，若钻孔附近存在低阻异常体，则在异常体内部产生等效电流环，并向外辐射二次场。在孔中不同位置观测到的瞬变电磁场信号，是异常体内部感应涡流场的空间分布，可以用一个等效电流环来表示。

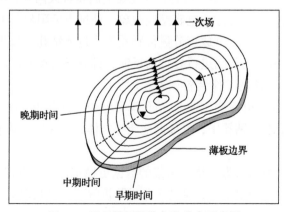

图 6.2　导电薄板涡旋电流分布示意图

为研究等效电流环的三分量响应特征，采用 40m×60m 的矩形电流环等效异常体内部的感应涡流场。图 6.3(a) 为该矩形电流环相对钻孔的位置，图中 A、B 分别表示两个钻孔，钻孔 A 孔口坐标为(0,0,0)，钻孔 B 孔口坐标为(150,150,0)，图中电流环载有 1A

的逆时针电流；图 6.3（b）为该矩形电流环在 XZ 平面的磁场矢量分布图；图 6.3（c）为该矩形电流环在 YZ 平面的磁场矢量分布图。

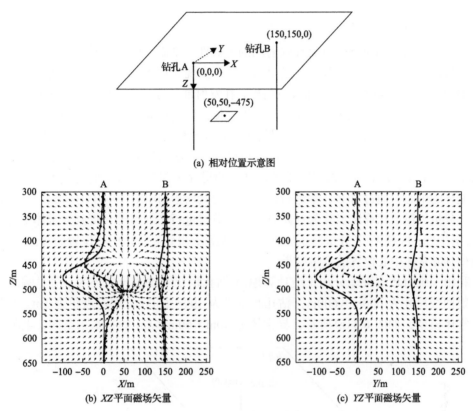

(a) 相对位置示意图

(b) XZ 平面磁场矢量　(c) YZ 平面磁场矢量

图 6.3　矩形电流环的磁场

图 6.3（b）和（c）中黑色点实线表示 X 分量，黑色虚线表示 Y 分量，黑色实线表示 Z 分量。从图 6.3（b）可以看出，水平电流环在 XZ 平面磁场矢量分布关于 $X=50$m 轴对称；对于钻孔 A，X 分量在电流环中心处幅值响应为零，随着远离电流环，幅值逐渐增大，然后减小，当 $Z<475$m 时，X 分量均指向负，当 $Z>475$m 时，X 分量均指向正，幅值呈 N 形分布；Z 分量始终为正值，在电流环中心处幅值达到极大，随着远离电流环，响应幅值强度逐渐变弱，呈单峰的 V 形异常响应，响应曲线具有轴对称性。图 6.3（c）显示了水平电流环在 YZ 平面磁场的矢量分布，其特征与 XZ 平面类似；对于钻孔 A，Y 分量在 $Z=475$m 处异常响应为零，随着远离电流环呈 N 形分布，Z 分量始终呈正值的 V 形特征。

对于钻孔 B，随着钻孔距异常体距离增大，无论 XZ 平面还是 YZ 平面，磁场 X、Y、Z 三个分量的幅值均逐渐减弱。XZ、YZ 平面 A、B 两个钻孔的 X、Y 分量响应特征存在差异，但 Z 分量始终为正值。XZ 平面中，钻孔 B 相对于钻孔 A 位于电流环的另一侧，其 X 分量特征与钻孔 A 相反，即当 $Z<475$m 时，X 分量均指向正，当 $Z>475$m 时，X 分量均指向负，幅值呈反 N 形分布，对于 YZ 平面，钻孔方位不同，Y 分量响应特征的变化规律与 XZ 平面一致。

在地面-钻孔瞬变电磁法数据采集中，发射回线位置固定，激发场与低阻异常体耦合关系保持不变,则在孔中不同位置观测到的瞬变电磁场信号,可以用位于"等效涡流中心"的电流环的场等效,此理论是地面-钻孔瞬变电磁法对异常体三维定位的基础。

2. 空间矢量交汇技术

以异常体内部涡流场与电流环辐射场的等效性为基础,研究异常场三分量与异常体中心位置的相关性。通过三分量矢量追踪算法,实现异常体中心位置的空间定位。

地面-钻孔瞬变电磁在地面布设发射框,在发射框下方一定区域会产生垂直磁场,在断电后,地下异常体中会感应出水平电流环。水平电流环辐射的磁场在 XY 和 XZ 平面上具有明显的指向性。对于 XY 平面,尽管水平钻孔的位置发生了改变,但 X 分量与 Y 分量的合成矢量均指向电流环的中心,因此可以利用合成矢量的方法确定电流环在 XY 平面的坐标。对于 XZ 平面,偏移距 Y 的改变,使得 X 分量与 Y 分量的合成矢量不完全指向电流环的中心,通过对 Z 分量进行修正,可使其均指向电流环的中心(张杰,2009)。

三分量矢量追踪算法步骤为:先对 X、Y 分量进行平面追踪,得到异常体中心位置的 X、Y 坐标;再对 X、Z 分量修正后进行平面追踪,得到异常体中心位置的 X、Z 坐标;从而得到异常体中心位置的定量结果。

利用三维时域有限差分法正演计算地面-钻孔瞬变电磁法异常场的三分量响应。设置发射回线尺寸为 $600m\times600m$,钻孔测量段为 $300\sim650m$,测点点距为 $5m$。设置 4 组异常体模型,如图 6.4(a)所示,异常体为 $40m\times60m\times5m$ 的积水采空区,电阻率为

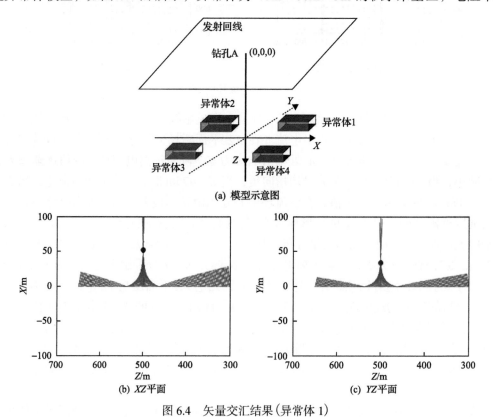

(a) 模型示意图

(b) XZ 平面

(c) YZ 平面

图 6.4　矢量交汇结果(异常体 1)

$10\Omega \cdot m$，异常体中心坐标分别为 $(55,35,500)$、$(-55,35,500)$、$(-55,-35,500)$ 和 $(55,-35,500)$。

　　对该模型进行地面-钻孔瞬变电磁法数值模拟，获得异常场的三个分量。对异常场进行 XZ 平面和 YZ 平面矢量追踪，获得四个模型的交汇结果，分别如图 6.4(b) 和 (c)、图 6.5、图 6.6 和图 6.7 所示。

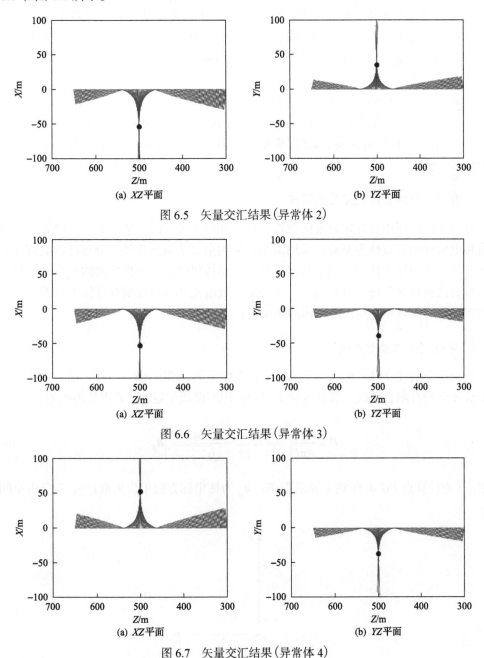

图 6.5　矢量交汇结果（异常体 2）

图 6.6　矢量交汇结果（异常体 3）

图 6.7　矢量交汇结果（异常体 4）

　　图 6.4 为异常体中心位于 $(-55,35,500)$ 时的矢量追踪结果。可以看出，XZ 平面和 YZ 平面矢量交汇中心均位于 Z 轴 500m 附近，与异常体实际埋深一致；XZ 平面交汇结果位于

X=55m 附近，YZ 平面交汇结果位于 Y=35m 附近，与异常体中心实际投影位置一致。

图 6.5 为异常体中心位于(−55,35,500)时的矢量追踪结果。可以看出，XZ 和 YZ 平面矢量交汇中心均位于 Z 轴 500m 附近，与异常体实际埋深一致；XZ 平面交汇结果位于 X=−55m 附近，YZ 平面交汇结果位于 Y=35m 附近，与异常体中心实际投影位置一致。

图 6.6 是异常体中心位于(−55,−35,500)时的矢量追踪结果。可以看出，XZ 和 YZ 平面矢量交汇中心均位于 Z 轴 500m 附近，与异常体实际埋深一致；ZX 平面交汇结果位于 X=−55m 附近，ZY 平面交汇结果位于 Y=−35m 附近，与异常体中心实际投影位置一致。

图 6.7 是异常体中心位于(55,−35,500)时的模型异常场三分量矢量追踪结果。可以看出，XZ 和 YZ 平面矢量交汇中心均位于 Z 轴 500m 附近，与异常体实际埋深一致；XZ 平面交汇结果位于 X=55m 附近，YZ 平面交汇结果位于 Y=−35m 附近，与异常体中心实际投影位置一致。

6.1.3 异常体空间参数定量反演算法

针对实际应用中要确定异常体位置、尺寸和产状等空间参数的需求，以异常体内部涡流和电流环的等效性为基础，采用最小二乘约束算法对异常场三分量进行电流环空间参数求解，实现异常体的空间参数定量反演。总体思路是先根据实测的三分量信号采用趋势拟合法提取异常场三分量信号，再采用等效电流环理论反演异常体的位置、尺寸和产状等参数，实现钻孔周围异常体的精细定位。

1. 等效电流环模型正演

在自由空间建立柱坐标系，定义 Z 分量方向向上，如图 6.8 所示。Z 轴上存在一条由 $Z=a$ 至 $Z=b$ 的有限长导线，载有电流 I。根据毕奥-萨伐尔定律，P 点处的磁通量密度为

$$B = \frac{\mu_0 I}{4\pi l}\left(\frac{b}{\sqrt{l^2+b^2}} - \frac{a}{\sqrt{l^2+a^2}}\right)a_\phi \tag{6.1}$$

式中，l 为计算点 $P(l,\phi,z)$ 到 Z 轴的距离；a_ϕ 为柱坐标方向单位矢量；μ_0 为自由空间磁导率。

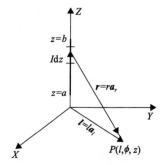

图 6.8　有限长导线在空间任意一点产生的磁场

对于任意倾斜角度、任意形状电流环的正演，可使用三维直角坐标系的旋转公式来完成。在三维空间中通过坐标变换和积分，可实现任意姿态、任意形状电流环三分量正演。以圆形电流环等效感应涡流，其响应函数为

$$(B_x, B_y, B_z) = f(x, y, z, x_0, y_0, z_0, \theta_1, \theta_2, R) \tag{6.2}$$

式中，B_x、B_y、B_z 为圆形电流环在测点处的异常三分量响应；R 为电流环半径；x_0、y_0、z_0 为电流环中心坐标；θ_1、θ_2 分别为电流环绕 X 轴和 Y 轴的旋转角度；x、y、z 为计算点坐标。

2. 带约束的正则化反演方法

设地面-钻孔瞬变电磁法沿钻孔方向观测的 n 个测点上异常场的三分量数据分别为 (B_x, B_y, B_z)。为了使三分量数据有近似的拟合度，取归一化后观测数据的相对误差为目标函数：

$$\Phi(P_1, P_2, \cdots, P_m) = \frac{1}{3n} \sum_{i=1}^{3n} \left(\frac{B_i - \widehat{B}_i}{\widehat{B}_i} \right)^2 \tag{6.3}$$

式中，$\widehat{B}_i$ 为观测的某个测点的三分量数据；B_i 为用模型参数 P 计算的相对测点上的理论值；n 为测点个数；m 为模型参数个数。对目标函数进行泰勒展开，略去高次项，取 $\partial \Phi / \partial \Delta P_i$，可得

$$(A^{\mathrm{T}} A) \cdot \Delta P = A^{\mathrm{T}} D \tag{6.4}$$

对式(6.4)求解，得到可行域内的极小可行解。

3. 模型测试

图 6.9 为积水采空区理论模型示意图，图中方形发射回线尺寸为 120m×120m，顺时针发射电流为 1A，积水采空区位于发射回线中心的正下方，尺寸为 12m×12m×6m，电阻率为 1Ω·m，中心埋深为 58m，背景地层为半空间均匀介质，电阻率为 100Ω·m。为了便于计算，设置东向为 X 方向、南向为 Y 方向、向下为 Z 方向的坐标系。在四个钻孔中分别按照点距 2m 采集瞬变电磁三分量信号。四个钻孔的孔口坐标分别为(18,18,0)、(18,−18,0)、(−18,−18,0)、(−18,18,0)，孔深均为 100m。采用瞬变电磁三维时域有限差分法分别进行正演计算，发射波形采用 CRONE 公司 PEM 系统线性关断的梯形波，关断时间设置为 500μs，采样时长为 10ms，等效接收面积均为 10000m^2。

选取 5 个时间道(0.1ms、0.15ms、0.24ms、0.36ms 和 0.55ms)的数据进行反演，以确定四个钻孔周围异常体的相对位置、尺寸及产状等参数。反演数据选取靠近异常中心 38~78m 的三分量数据。反演过程中，坐标系原点分别为各个钻孔的孔口位置，反演计

算的坐标参数为相对于钻孔的坐标。图6.10为反演拟合的异常场三分量响应多测道曲线，图中实线为理论模型异常场三分量，点实线为等效涡流模型反演拟合的异常场三分量。四个钻孔反演拟合曲线与理论模型异常场三分量曲线均吻合较好。

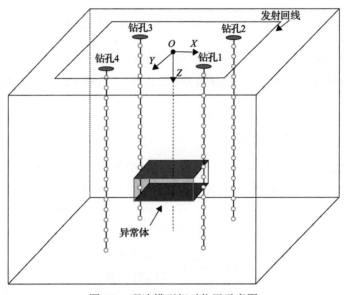

图 6.9 理论模型相对位置示意图

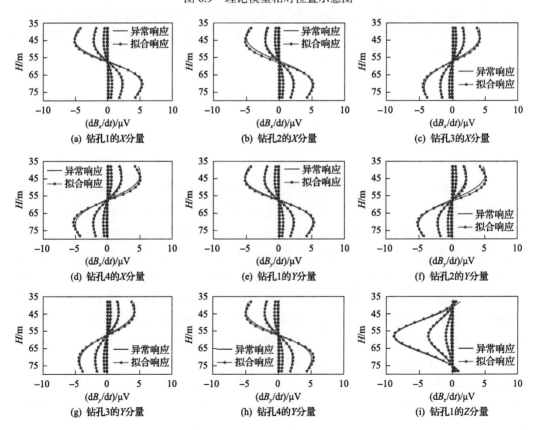

(a) 钻孔1的X分量 (b) 钻孔2的X分量 (c) 钻孔3的X分量

(d) 钻孔4的X分量 (e) 钻孔1的Y分量 (f) 钻孔2的Y分量

(g) 钻孔3的Y分量 (h) 钻孔4的Y分量 (i) 钻孔1的Z分量

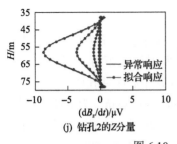

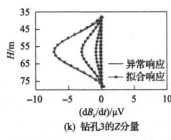

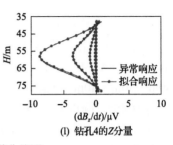

(j) 钻孔2的Z分量   (k) 钻孔3的Z分量   (l) 钻孔4的Z分量

图 6.10 异常场三分量响应反演拟合多测道曲线图

图 6.11 为反演结果,垂直粗线为钻孔,旁侧立方体为积水采空区,圆环为分别使用不同时间数据反演得到的电流环。可以看出,四个模型反演得到的等效涡流环均位于理论异常体范围内,基本呈水平分布,与理论模型的产状一致。不同时间道、不同钻孔的等效涡流半径存在一定差异,这与异常场在异常体内的分布特征有关,也与反演拟合时的拟合差有关。整体来看,通过对异常场三分量进行反演,得到的不同时刻等效涡流环的整体分布能反映异常体的位置、产状和规模。

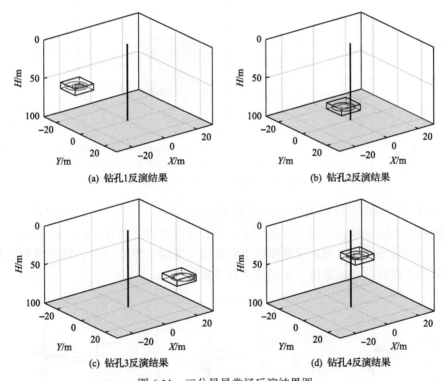

(a) 钻孔1反演结果   (b) 钻孔2反演结果

(c) 钻孔3反演结果   (d) 钻孔4反演结果

图 6.11 三分量异常场反演结果图

4. 地面-钻孔瞬变电磁法定位误差分析

通过正演计算不同含水异常体(含水陷落柱、含水断层和积水采空区)模型的地面-钻孔瞬变电磁三分量响应,并采用三分量反演定位技术,分析各含水异常体位于 700m 深度时的定位误差。

1) 含水陷落柱模型

图 6.12 为含水陷落柱模型示意图。在地面布设 600m×600m 的方形发射回线，发射电流为 18A，电流方向为顺时针方向，含水陷落柱位于发射回线下方，异常尺寸为 30m×30m×40m，电阻率为 10Ω·m，中心埋深为 700m，异常中心距钻孔中心 77m，方位角为 45°，倾角 0°。背景地层为半空间均匀介质，电阻率为 100Ω·m。为了便于计算，设置东向为 X 方向、南向为 Y 方向、向下为 Z 方向的坐标系。在图 6.12 所示的钻孔中分别按照点距 10m 采集瞬变电磁三分量信号，孔口坐标为 (0,0,0)，孔深 1500m。采用瞬变电磁三维时域有限差分法进行正演计算，发射波形采用 CRONE 公司 PEM 系统线性关断的梯形波，关断时间设置为 500μs，采样时长为 10ms。

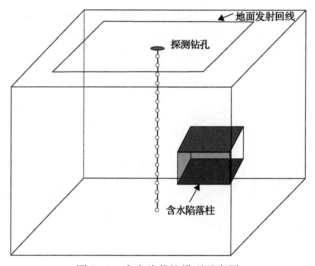

图 6.12　含水陷落柱模型示意图

图 6.13 为含水陷落柱模型的地面-钻孔瞬变电磁响应计算结果。异常场的 X 分量和 Y 分量多测道曲线沿 Z 轴均表现为先负后正，交替零点正对异常体中心，从 X 分量和 Y 分量水平分量组合形态可以判断异常体位于钻孔第一象限；异常场 Z 分量表现为负主峰异常，表明钻孔没有穿过异常体，主峰值正对异常体中心。

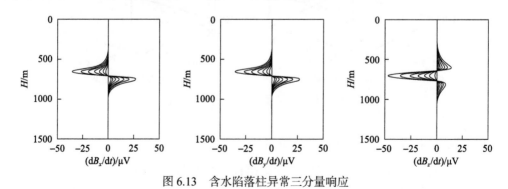

图 6.13　含水陷落柱异常三分量响应

为了研究地面-钻孔瞬变电磁法异常定位误差，选取 5 个时间道（0.1ms、0.15ms、

0.24ms、0.36ms 和 0.55ms）的数据进行反演，以确定钻孔周围异常体的相对位置、规模及产状等参数。反演过程中，坐标系原点位于钻孔孔口位置，反演计算的位置参数为相对钻孔位置。图 6.14 为反演结果图，图中垂直粗线为钻孔，旁侧立方体为含水陷落柱，圆环为使用不同时间道数据分别反演得到的电流环。

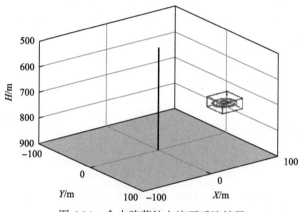

图 6.14　含水陷落柱电流环反演结果

从图 6.14 可以看出，反演得到的等效涡流环均位于理论异常体范围内，基本呈水平分布，与理论模型的产状一致。不同时间道的等效涡流半径存在一定差异，这与异常场在异常体内的分布特征有关，也与反演拟合时的拟合差有关。含水陷落柱 700m 埋深时，异常幅度超过 40μV，异常中心定位误差为 3.8m。

2) 含水断层

图 6.15 为含水断层模型示意图。观测参数与上面陷落柱模型一致，含水断层位于发射回线下方，异常尺寸为 100m×100m×10m，电阻率为 10Ω·m，中心埋深为 700m，异常中心距钻孔中心 77m，方位角为 45°，倾角为 30°。背景地层为均匀半空间，电阻率为

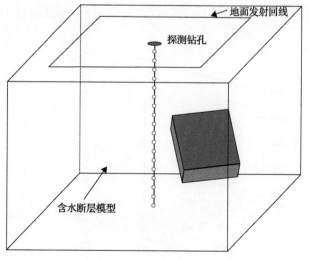

图 6.15　含水断层模型示意图

100Ω·m。坐标系方向与前文一致。在如图 6.15 所示的钻孔中分别按照点距 10m 采集瞬变电磁三分量信号，孔口坐标为(0,0,0)，孔深 1500m。采用瞬变电磁三维时域有限差分法进行正演计算，正演计算参数与前文一致。

图 6.16 为含水断层模型的地面-钻孔瞬变电磁响应计算结果。异常场的 X 分量和 Y 分量多测道曲线沿 Z 轴均表现为先负后正，交替零点正对异常体中心，从 X 分量和 Y 分量组合形态可以判断异常体位于钻孔第一象限；异常场 Z 分量表现为负主峰异常，表明钻孔没有穿过异常体，主峰值正对异常体中心。

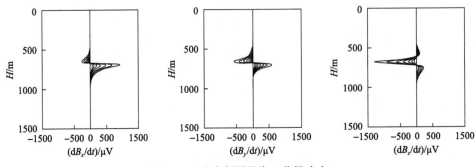

图 6.16　含水断层异常三分量响应

为了研究地面-钻孔瞬变电磁法异常定位误差，选取 5 个时间道(0.1ms、0.15ms、0.24ms、0.36ms 和 0.55ms)的数据进行反演，来确定钻孔周围异常体的相对位置、规模及产状等参数。反演过程中，坐标系原点位于钻孔孔口位置，反演计算的位置参数为相对钻孔位置。

图 6.17 为含水断层的电流环反演结果，图中垂直粗线为钻孔，旁侧倾斜立方体为含水断层，圆环为使用不同时间数据分别反演得到的电流环。可以看出，反演得到的等效涡流环位于理论异常体范围内，基本呈水平分布，与理论模型的产状一致。不同时间道的等效涡流半径存在一定差异，这与异常场在异常体内的分布特征有关，也与反演拟合时的拟合差有关。含水断层 700m 埋深时，异常幅度超过 1000μV，异常中心定位误差为 2.2m。

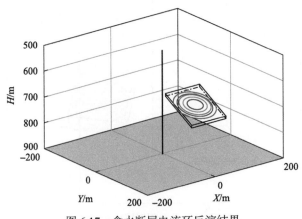

图 6.17　含水断层电流环反演结果

3）积水采空区

图 6.18 为积水采空区模型示意图，观测参数与上面陷落柱模型一致，积水采空区位于发射回线下方，异常尺寸为 30m×30m×4m，电阻率为 10Ω·m，中心埋深为 700m，异常中心距钻孔中心 77m，方位角为 45°，倾角为 0°。背景地层为均匀半空间，电阻率为 100Ω·m。坐标系统与前述一致。在图 6.18 所示的钻孔中分别按照点距 10m 采集瞬变电磁三分量信号，孔口坐标为 (0,0,0)，孔深为 1500m。

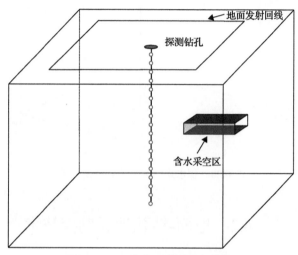

图 6.18　积水采空区模型示意图

采用瞬变电磁三维时域有限差分法进行正演计算，正演计算参数与前文一致。图 6.19 为积水采空区模型的地面-钻孔瞬变电磁响应计算结果。异常场的 X 分量和 Y 分量多测道曲线沿 Z 轴均表现为先负后正，交替零点正对异常体中心，从 X 分量和 Y 分量水平分量组合形态可以判断异常体位于钻孔第一象限；异常场 Z 分量表现为负主峰异常，表明钻孔没有穿过异常体，主峰值正对异常体中心。

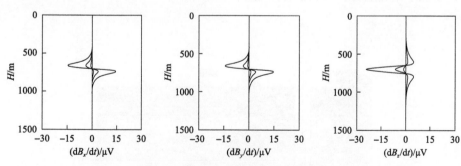

图 6.19　积水采空区异常三分量响应

为了研究地面-钻孔瞬变电磁法异常定位误差，选取 5 个时间道(0.1ms、0.15ms、0.24ms、0.36ms 和 0.55ms)的数据进行反演，来确定钻孔周围异常体的相对位置、规模及产状等参数。

图 6.20 为异常体的电流环反演结果，图中垂直粗线为钻孔，水平立方体为积水采空

区，圆环为使用不同时间数据分别反演得到的电流环。可以看出，反演得到的等效涡流环均位于理论异常体范围内，基本呈水平分布，与理论模型的产状一致。不同时间道的等效涡流半径存在一定差异，这与异常场在异常体内的分布特征有关，也与反演拟合时的拟合差有关。积水采空区700m埋深时，异常幅度超过20μV，异常中心定位误差为4.6m。

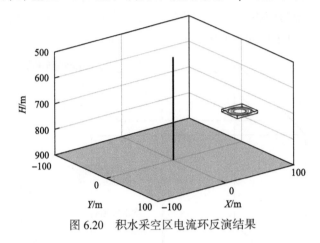

图 6.20　积水采空区电流环反演结果

6.2　地面-钻孔地震勘探技术

6.2.1　地面-钻孔地震原理与工作方法

地面-钻孔地震是在地面进行地震波激发、钻孔中进行接收（垂直地震剖面（vertical seismic profile，VSP）），或钻孔中激发、地面接收（逆垂直地震剖面（rerverse vertical seismic profile，RVSP））的观测方式，利用接收的地震反射波来确定地层及构造分布的一种地震勘探方法。地面-钻孔地震具有高频率、小面元的特点，其纵向分辨率高于地面三维地震。图 6.21 为地面-钻孔地震（VSP）勘探示意图。

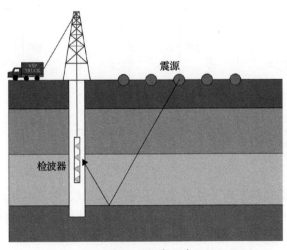

图 6.21　地面-钻孔地震（VSP）勘探示意图

相比常规地震勘探，地面-钻孔地震勘探有如下优势：

(1)地震波单程衰减，地震信号主频更高，频带更宽。

(2)检波器深度定位，提高了速度分析精度。

(3)检波器离目的层更近，保证了振幅信息畸变小。

(4)三分量检波器采集，可以得到 P-P 纵波、P-SV 转换波成像数据体。

(5)可以估算各向异性参数。

针对导水通道的精细探测，如典型的陷落柱和断层等构造，采用地面-钻孔地震勘探方法具有一定的优势。其基本工作方法是，首先根据已有相关地质资料，在疑似导水通道中心区域，施工钻孔；然后，根据钻孔揭露地层信息，设计合理的地面-钻孔地震勘探观测系统，包括优化炮点、接收点的布设以及激发接收的方式等；最后对采集获得的地面-钻孔地震数据进行反射波成像，分析推断导水通道有关地质参数。

6.2.2 虚震源波场重构技术

针对频带较宽的地面-钻孔反射地震波，由于其与常规地面地震观测系统具有较大不同，需要研究地面-钻孔地震观测时有针对性的反射波成像方法与技术。近些年来，地球物理学家将互相关干涉理论引入多次波的压制中，从而为地面-钻孔地震观测实现虚震源 (virtual source method，VSM) 波场重构，为典型导水通道成像奠定了基础。特别是对导水通道的整体形态进行波场重构，从不同方向对导水通道进行成像，对提高导水通道定位与属性判识具有重要意义。

地面-钻孔观测系统的空间特殊性，使得地面-钻孔地震数据不能直接利用地面地震成熟的处理方法和流程来处理。虚震源成像方法是利用地震波干涉来进行波场重构的，其基本原理是通过对在不同两点接收到的地震记录进行自相关、互相关或褶积运算，得到一个点激发，另一个点接收的新的地震响应，实现地面-钻孔地震波场向虚源单井地震剖面 (single well profile，SWP) 波场或者虚源地面地震剖面 (surface seismic profile，SSP) 波场的重构，进一步提高地面-钻孔地震数据的成像效果，从而实现对地质体进行精确成像。

地面-钻孔地震数据可以由 VSP 观测获得，也可以由 RVSP 观测获得，采用虚源法进行 SWP 和 SSP 波场的重构不受观测系统的影响，因此具体可以有 VSP-SSP、VSP-SWP、RVSP-SSP 和 RVSP-SWP 四种技术路径。下面以 VSP 观测系统为例，对虚震源法波场重构的原理进行阐述。

图 6.22 为 VSP 观测波场经过虚震源法重构得到 SWP 波场的原理图。假设 VSP 测量中第 k 个接收装置 R_k 接收到的第 i 个激发点 S_i 的直达波，第 j 个接收装置 R_j 接收到第 i 个激发点 S_i 的侧面反射波。通过对 R_j 接收的全波列和 R_k 记录的直达波进行卷积，得到新的干涉记录，就相当于利用 VSP 数据获得了井中激发-井中接收的虚源 SWP 数据。从图中可以看到，这个数据的射线路径是从井中检波点 R_k 处激发，经过 x 点反射后到达接收装置 R_j。至此，可以采用共中心点叠加或叠前偏移的方法对井旁的地质构造进行很好的成像。可以看出，VSP-SWP 波场重构方法适用于钻孔旁侧有大角度构造地质体成像的情况。

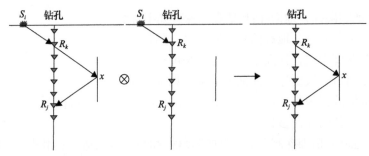

图 6.22　虚源 VSP 干涉测量原理图（VSP-SWP）

与 VSP-SWP 类似，用波场重构的方法也可以将 VSP 波场重构为 SSP 波场，图 6.23 为虚源 VSP-SSP 波场重构原理图。其中，图 6.23(a) 为两个激发点分别位于钻孔两侧时，可以实现直达波与一次反射波干涉，重构获得地面反射波的原理。图 6.23(b) 为两个激发点位于钻孔同侧时，可以实现直达波与多次反射波干涉，重构获得地面反射波的原理。

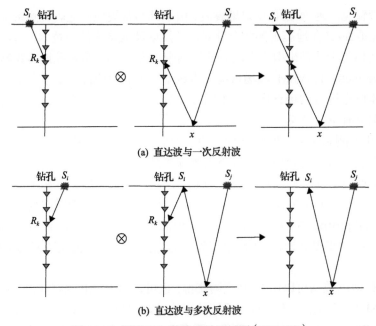

(a) 直达波与一次反射波

(b) 直达波与多次反射波

图 6.23　虚源 VSP 干涉测量原理图（VSP-SSP）

实际应用中，可不区分激发点的相对位置，通过将 S_j 激发 R_k 接收的全波列与 S_i 接收的直达波相关，可以得到新的干涉记录，在运动学上这个新的干涉记录等同于地面地震的反射射线路径，这个射线从虚拟炮点 S_i 激发，在 x 点反射，由接收器 S_j 接收并记录。这种 VSP-SSP 的波场重构方法适用于以水平或接近水平的状态分布在钻孔附近的目标地质体，因此这种波场重构方法，可以用共中心点叠加的方法对这个异常的边界进行成像。

图 6.24 为虚震源成像数据处理流程示意图。第一步，选定虚源点位置；第二步，选定接收道位置，并把数据整理成与虚源点接收道的共炮点道集；第三步，将每个共炮点

记录中的虚源点与新接地震道进行相关或褶积计算，形成共炮点的相关道集；第四步，相关道集叠加，形成虚源点激发，新接收点接收的单炮单道记录。按照该流程的处理方法，逐道处理所有地面-钻孔地震数据形成共虚源点记录。

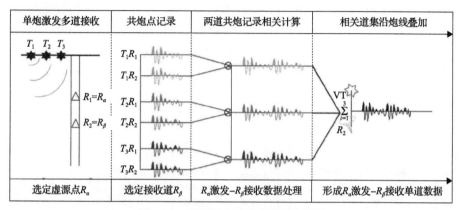

图 6.24　虚震源成像数据处理流程图

6.2.3　观测系统优化设计

虚震源成像方法在地面-钻孔地震成像中的应用，可以较大程度提高成像质量。与常规地面地震相同，为了保证成像质量，地面-钻孔地震同样要求地下覆盖次数尽量均匀。但是，与常规地面地震不同，地面-钻孔地震地下覆盖次数及均匀性，不仅受地下目标地质体和地表起伏剧烈程度的影响，还受其地面-钻孔特殊观测方式的影响。因此，针对地面-钻孔地震的特殊性，需进行面向目标地质体的观测系统设计与优化。

下面以贵州某井田地面-钻孔地震试验工作为例，对多孔地面-钻孔地震观测系统设计及优化方法进行详细阐述。勘探区地形及钻孔分布如图 6.25 所示，勘探区为 2km×2.28km 的矩形区域，采用线束状观测方式。测区内测线呈北东向，共有测线 51 条，线距 40m，道距 20m，施工面积约 4.56km²，勘探面积约 2.62km²。勘探区内东南部有一条

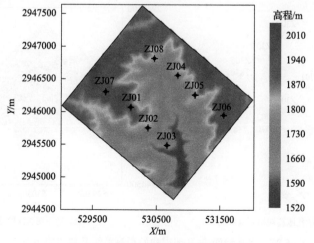

图 6.25　勘探区地形及钻孔分布图

呈 Y 字形的河谷，也是区内海拔最低的地方，区内地表最大高程差达 500m。在勘探区内设计了 ZJ01~ZJ08 共 8 个钻孔，孔位设计综合考虑了地质钻探和 RVSP 勘探的共同需求。基于这 8 个钻孔，设计了 8 孔联采 RVSP 观测系统。

图 6.26(a) 为 ZJ07 孔观测系统图，显示出检波器覆盖范围及地表高程变化，落差最大可达 350m。ZJ07 孔口标高为 1953m，钻孔中激发深度范围为 20~320m，地面接收线数 38 条，线距 40m，道距 20m，每条线 43 道，地面总接收道数 1634 道，井中激发炮点距均为 5m。图 6.26(b) 为覆盖次数分布图。

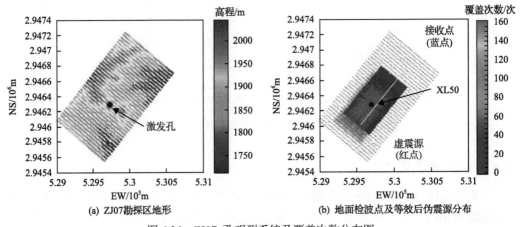

(a) ZJ07勘探区地形

(b) 地面检波点及等效后伪震源分布

图 6.26　ZJ07 孔观测系统及覆盖次数分布图

可以看出，对单孔地面-钻孔地震的观测系统来说，较容易实现覆盖次数的相对均匀性。图 6.27(a) 为该井田 8 孔地面-钻孔地震观测系统初始设计图，显示各激发钻孔对应的地面检波器覆盖范围由相邻钻孔所约束。根据确定的观测系统参数，可以计算出不同深度的覆盖次数分布情况，该区勘探目标层位标高大约为 1400m。当地面为水平地表

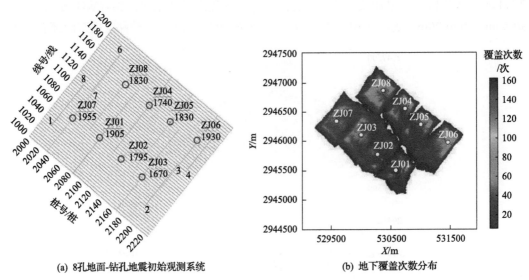

(a) 8孔地面-钻孔地震初始观测系统

(b) 地下覆盖次数分布

图 6.27　多孔地面-钻孔地震初始观测系统及覆盖次数分布

时，这种设计方法可以保证相邻钻孔中间区域的地下覆盖是连续的。当地表出现剧烈起伏变化时，相邻钻孔中间区域的地下覆盖将变得不一定连续，尤其是地表高程较低的区域，其对应地下覆盖次数将偏少，甚至出现无覆盖现象。图 6.27(b)为目标层位深度覆盖次数分布图。可以看出，无覆盖区域大多位于地表有河谷的地带，因此对于复杂地表多孔地面-钻孔三维地震观测系统设计，必须考虑地表条件，需要基于目标模型设计合理的观测系统。

图 6.28 为基于模型的观测系统优化后的覆盖次数分布图，其显示的是标高为 1400m 处的覆盖次数分布，其面元大小为 10m×10m，平均覆盖次数约 34 次。可以看出，优化后的观测系统不存在无覆盖区域。观测系统优化的核心是根据地表高程变化特征，通过模拟分析，合理扩充地面接收范围，从而达到使地下覆盖更均匀的目的。

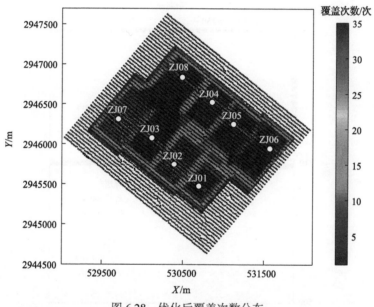

图 6.28　优化后覆盖次数分布

从图 6.28 还可以看出，在勘探区的中南部出现低覆盖次数条带区域，这是由于 ZJ03 孔位于山谷，激发点离目的层均较近，使得反射点分布主要靠近激发孔，而远离激发孔的区域覆盖次数较低。相反地，若激发孔位于山顶，使得孔中激发点离目的层较远，其反射点可以分布更广，有利于扩大成像范围。因此，在多孔地面-钻孔三维地震观测系统设计中，钻孔一般选择在地形较高的地方为宜，若勘探目的层较浅，则应当减小激发孔孔距。

6.2.4　虚源波场重构法数值试验

为了验证 VSM 波场重构方法在地面-钻孔地震数据中应用的有效性，检验其成像的精度，分别构建断层和陷落柱模型，对应采用 RVSP 和 VSP 不同的观测方式，进行波场重构和成像分析。

1. 断层模型

1) 模型及正演模拟参数

图 6.29 为建立的断层模型，煤厚 10m，断层落差 5m，上盘顶板埋深 305m，下盘顶板埋深 310m。钻孔坐标为 $X=0$m，采用孔中激发、地面接收的 RVSP 观测方式模拟。孔中激发炮数 25 炮，炮距 10m，地面 41 道接收，道距 10m。震源子波为里克子波，主频 150Hz，采用有限差分正演模拟。数值模拟分析了断层到钻孔距离分别为 50m、75m、100m、125m 和 150m 时，地面-钻孔地震成像结果中断层构造空间位置的准确性。此处，首先采用虚源波场重构(reverse vertical seismic profile-surface seismic profile，RVSP-SSP)获得地面地震数据，然后对重构后的数据进行叠加成像。

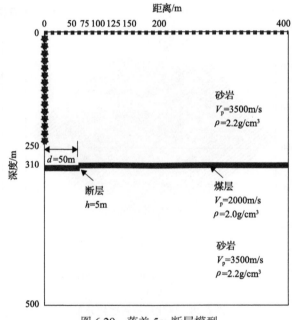

图 6.29　落差 5m 断层模型

2) 成像分辨率分析

图 6.30 为与钻孔不同距离条件下落差 5m 断层的模型成像结果。可以看出，距离钻孔越近，分辨率越高，断点越清晰，当断层与钻孔距离小于 125m 时，其横向分辨率可达 5m。总体上，分辨率与地震波主频和观测系统有密切关系。当观测系统一定、目的层越深时，距离钻孔越远，其横向分辨率越低。此外，当煤层埋深为 310m 时，除了断层与孔距离为 150m 的模型，其他的四个模型经过波场重构的成像结果均准确定位了断层的位置，误差小于 5m。

2. 陷落柱模型

1) 模型及正演模拟参数

根据虚震源波场重构成像方法原理可知，利用此方法对陷落柱进行准确成像具有可行性。为进一步验证该方法的有效性，建立陷落柱模型，开展定位精度研究。图 6.31 为陷落柱数值模型，为了减少和消除边界效应，模型大小设为 2000m×1000m，采用地面激发、井中接收的 VSP 观测方式，钻孔孔口在模型横向 1100m 处，第 1 炮在 1105m 处，陷落柱为梯形，构造上边界长 40m，埋深 200m，下边界长 100m，埋深 500m。表 6.1 为模型及正演模拟的详细参数。

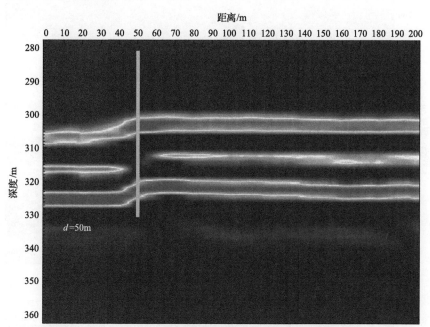

(a) 断层与孔距离为50m的成像结果

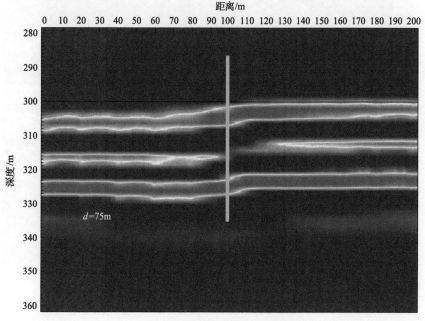

(b) 断层与孔距离为75m的成像结果

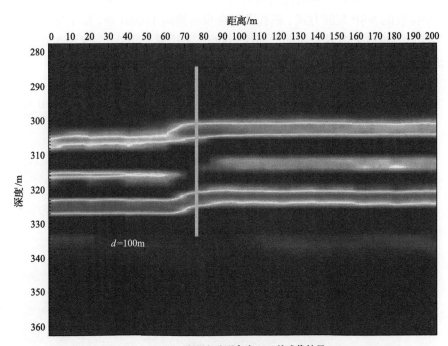

(c) 断层与孔距离为100m的成像结果

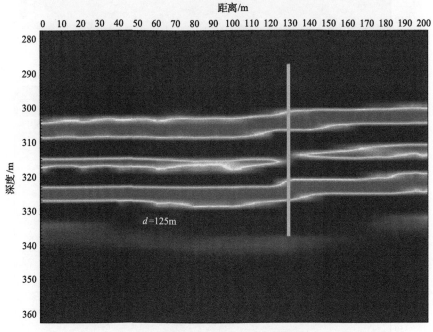

(d) 断层与孔距离为125m的成像结果

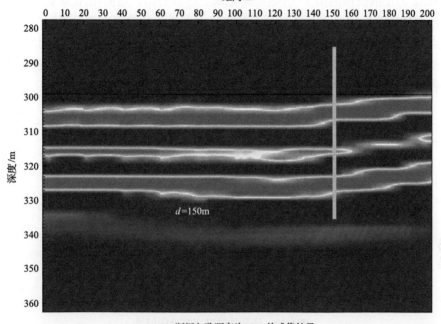

(e) 断层与孔距离为150m的成像结果

图 6.30　与钻孔不同距离条件下落差 5m 断层模型成像结果

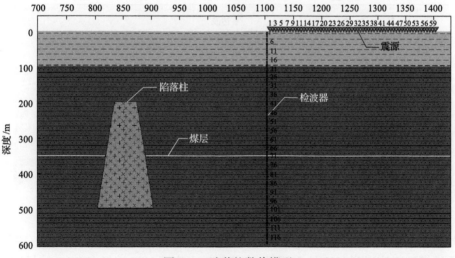

图 6.31　陷落柱数值模型

表 6.1　虚源 VSP 数值模拟模型及正演模拟参数

激发排列长度/m	炮数/炮间距	接收排列长度/m	道数/道间距	地层及异常波速/(m/s)	震源频率/Hz	子波类型	采样间隔/ms	记录长度/s
300	60 炮/5	600	120 道/5	第一层: 2200 第二层: 3800 煤层: 2000 陷落柱: 2800	120	里克子波	0.25	0.5

图 6.32 为正演模拟的第 1~5 炮炮集记录。可以看出，地面-钻孔地震炮集记录特征与常规地面地震炮集记录在波场特征上具有较大差异，各波组主要呈线性分布。此外，线性拐点均对应地下介质的某个反射界面，且大多能够准确指示出反射界面埋深。图 6.33 为第 8 炮的单炮记录，经过对波场快照的分析以及对地层速度的了解，能够明确识别波场中的各组波类型，且水平地层反射波和陷落柱侧壁反射波清晰可辨。

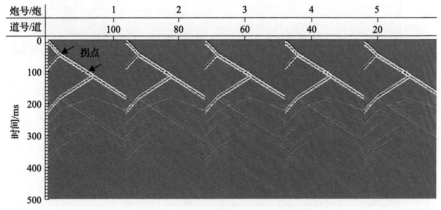

图 6.32　陷落柱模型正演地震记录

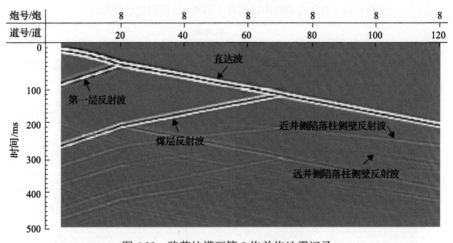

图 6.33　陷落柱模型第 8 炮单炮地震记录

2) 基于 VSP-SWP 波场重构的陷落柱侧面成像

通过模型正演得到 VSP 地震记录，在此基础上实现 VSP 波场向 SWP 波场的重构。首先对 VSP 数据建立观测系统，进行波场分离，将有效波与其他干扰波分离，提取 VSP 的下行直达波和陷落柱异常体反射波，再对提取的波场进行自相关和互相关，来实现干涉成像的波场重构，并对波场重构后的单井激发、接收 SWP 数据建立新的观测系统。

利用虚源法实现 VSP 波场到 SWP 波场的重构后，可以得到虚拟炮集地震记录，对该地震记录应用速度分析、叠加及偏移等处理方法，得到最终的成像剖面。图 6.34 为井旁陷落柱模型 VSP-SWP 重构后的叠后偏移成像剖面。

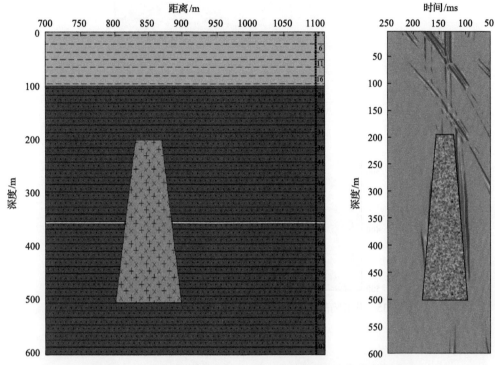

图 6.34　井旁陷落柱模型 VSP-SWP 重构后的叠后偏移成像剖面

可以看出，虚源 VSP 对陷落柱两侧的成像与原模型异常位置基本一致。此外，靠近钻孔一侧的陷落柱侧壁成像结果能量更强、更清晰，且成像范围更加明确，离钻孔远的一侧柱壁成像虽然能量较弱，但还是对陷落柱边缘有一定的反映。总体来说，利用虚源法对井旁陷落柱进行成像效果较好，具有较高的成像精度，定位也较为准确，并且可以做出假设，陷落柱边缘的倾角越大，虚源法成像对于陷落柱边缘定位的准确度和完整性也会更好。

3）基于 VSP-SSP 波场重构的陷落柱顶界面和底界面成像

对模拟得到的 VSP 地震记录，采用 VSP-SSP 波场重构法，可以获得等效地面地震数据。具体实施方法是：首先，对 VSP 数据进行波场分离，将有效波与其他干扰波分离，主要是提取 VSP 的直达波和陷落柱异常体反射波；然后，再对提取的波场进行相关和褶积，实现干涉成像的波场重构，获得等效地面地震数据；最后，对转换后的地震记录进行速度分析、叠加及偏移等处理，得到最终的成像剖面。图 6.35 为陷落柱模型 VSP-SSP 重构后的叠后偏移成像剖面。

经过对偏移成像结果与初始模型进行对比分析可以得出结论：利用虚震源重构波场，得到 SSP 数据的方法可以对地层界面、煤层以及陷落柱顶底界面这些相对水平的层位进行成像，由于水平层位较多，偏移成像后得到的陷落柱顶界面和底界面成像精度高。

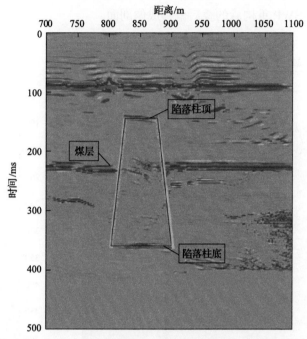

图 6.35　井旁陷落柱模型 VSP-SSP 重构后的叠后偏移成像剖面

第 7 章

工 程 应 用

前面介绍了导水通道综合地球物理精细探查技术,本章介绍其主要技术的工程应用,共包括四个应用实例:陷落柱精细探测实例两个,断层精细探测实例一个,采空区精细探测实例一个。棋盘井煤矿疑似陷落柱精细探测工程应用中,疑似陷落柱的埋深较大,分别采用地面-钻孔瞬变电磁法和地面-钻孔地震技术。黄玉川煤矿疑似陷落柱范围及富水性探测工程应用中,陷落柱直径小,埋深大,分别采用地震与瞬变电磁法联合反演、地震与可控源音频大地电磁法联合反演以及地震与瞬变电磁法多场多属性信息融合技术。红柳煤矿断层及其含水性精细探测工程应用中,测区断层多,煤层上方存在多层含水层,且富水性不均匀,分别开展地震与瞬变电磁法联合反演以及地震与可控源音频大地电磁法联合反演进行综合解释。哈拉沟煤矿采空区探测工程应用中,测区地面探测条件较差,测区内分布有采空区,可能存在老窑巷道,尺度小,分别采用地-空电磁法、地面瞬变电磁法以及核磁共振法进行综合精细探测。工程应用探测成果均得到现场验证,取得了良好的地质效果,实现了导水通道的精细探查。

7.1　陷落柱精细探测

7.1.1　疑似陷落柱精细探测

棋盘井煤矿原三维地震资料显示,在 9#煤下方 16#煤存在疑似陷落柱(X1、X2 和 X3,本次探测重点是确定疑似陷落柱 X1 和 X2 的性质)等导水通道,如图 7.1 所示,给工作面布置和安全生产带来重大的安全隐患,因此需要查明疑似陷落柱存在的可能性及其导水性,确定其发育范围,为工作面布置及保护煤柱的合理留设提供地质保障。常规的地面电磁法由于体积效应和矿区电磁干扰等因素的存在,探测精度难以满足疑似陷落柱精细定位要求。地面-钻孔瞬变电磁法和地面-钻孔地震由于接收装置在钻孔内,距地质体相对较近,响应幅度较大,受干扰小,更有利于实现对异常体的三维空间定位。因此,分别采用地面-钻孔瞬变电磁法和地面-钻孔地震对疑似陷落柱进行精细探查。

1. 地质概况与地球物理特征

1)地质概况

(1)地层。

棋盘井煤矿井田范围内大面积被第四系覆盖,新近系零星出露,无基岩出露,为全掩盖区。依据钻孔资料,井田内地层由老至新依次有:奥陶系中统三道坎组(O_2s)、中统桌子山组(O_2z)；石炭系中统本溪组(C_2b)、上统太原组(C_3t)；二叠系下统山西组(P_1s)、下统下石盒子组(P_1x)、二叠上统上石盒子组(P_2s)；新近系(N)；第四系(Q)。

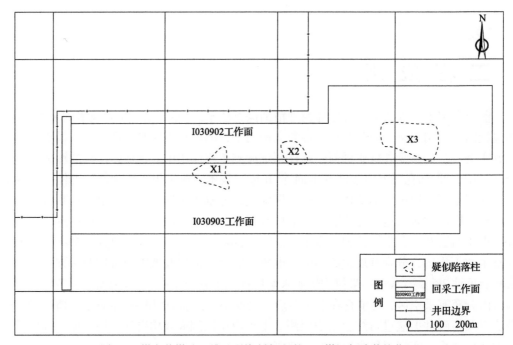

图 7.1 棋盘井煤矿三维地震资料解释的 16#煤疑似陷落柱位置

(2)煤层。

井田含煤地层为石炭系上统太原组和二叠系下统山西组，含煤地层总厚度 178.61～224.66m，平均厚度200.47m。含煤4～16层，煤层总厚度10.90～27.20m，平均厚度17.05m，含煤系数 8.50%，含可采煤层 2～5 层，可采煤层总厚度 7.78～20.15m，平均 10.42m，可采含煤系数 5.20%。

(3)构造。

棋盘井矿区南部井田位于桌子山背斜东翼，棋盘井逆断层和苛素乌逆断层间的南部，受上述两逆断层影响，井田构造形态基本为不对称背斜，背斜轴位于井田东部边界附近，其走向近南北，背斜西翼地层产状平缓，倾角一般为3°～5°，东翼地层产状相对较陡，倾角 5°～10°，井田大部分地段位于背斜西翼。受桌子山煤田大地构造的影响，井田内发育两组构造，一组为近南北向，一组为近东西向，一般前者被后者切割，前者规模大，后者规模小。井田内共有 18 条断层，落差较大的断层均为逆断层，且均为桌子山东麓大断裂的一部分。莫里—苛素乌逆断层在井田北部的黑龙贵沟附近分支为两条断层，向东南方向的分支称为苛素乌逆断层，向西南方向的分支称为棋盘井逆断层。井田内的其他逆断层均为苛素乌逆断层的伴生断层。

2)地球物理特征

棋盘井煤矿浅部的第四系沙土和砂砾石、新近系砂砾岩层包含潜水层，电阻率相对较低。二叠系的石千峰组与上石盒子组地层以砂岩和砂质泥岩为主，电阻率相对偏低。

二叠系下统山西组和石炭系上统太原组的岩层为煤系地层，电阻率相对较高，但山西组第四岩段至二叠系上统、石炭系上统太原组至二叠系下统山西组的第二岩段为碎屑岩类裂隙承压水含水层，说明二叠系地层存在低阻层。石炭系本溪组深灰色和灰色砂质泥岩、泥岩及灰白色细粒砂岩互层，为较好的隔水层，电阻率相对较低。奥陶系以钙质石英砂岩为主，其中桌子山组灰岩岩溶较为发育，若形成导水陷落柱后，电阻率会明显降低。岩层在致密完整的情况下，电阻率相对较高，如果发育有充水裂隙、岩溶等构造或受断层切割且破碎带含水时，导电性会显著增强，使该区域与周围介质产生明显的电阻率差异（即低阻异常）。特别是在有陷落柱的情况下，地层纵横向电性都因陷落柱引起的岩性和富水性的变化而发生变化，电阻率的大小随岩性和富水性程度的变化而变化，这是电磁法探测陷落柱等导水通道的地球物理前提。

2. 地面-钻孔瞬变电磁法探测

1) 数据采集

采用 CDR3 地面-钻孔瞬变电磁设备及三分量地面-井中瞬变电磁采集系统进行数据采集。全区采用发射外框为 600m×600m，发射电流按照逆时针方向，电流大小为 15A，关断时间选用 1000μs，探测分量为 dB_x、dB_y 和 dB_z。布设 1 个发射线框，如图 7.2 所示。

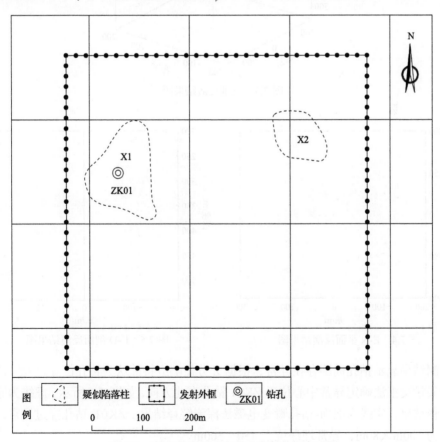

图 7.2 地面-钻孔瞬变电磁法发射外框布置图

钻孔中 Z 分量测量范围为 20～490m。其中，20～300m 段测量点距 10m，300～350m 段测量点距 5m，350～490m 段测量点距 2m，共测量 108 个测点的三分量数据。

2)地面-钻孔瞬变电磁法数据处理与解释

采用地面-钻孔瞬变电磁矢量交汇算法，对异常场三分量进行空间交汇，异常交汇中心位于钻孔东北方向，由于异常场 Z 分量表现为正值，推测测量钻孔穿过异常。

进一步以 410～480m 的地面-钻孔瞬变电磁三分量异常场空间矢量交汇结果为三分量异常场反演的初始模型，进行三分量拟合反演，计算结果如图 7.3～图 7.5 所示。图中圆圈为反演不同时刻的感应电流环，黑色实线为测量钻孔 ZK01。反演得到感应涡流环位于钻孔东北方向，埋深为 450～500m，近水平分布。

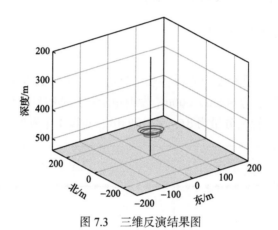

图 7.3　三维反演结果图

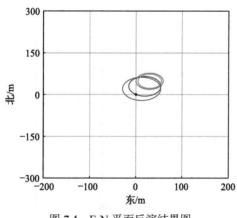

图 7.4　E-N 平面反演结果图

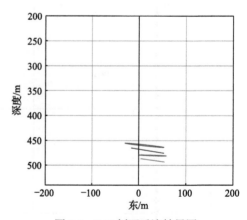

图 7.5　E-D 剖面反演结果图

探测结果显示钻孔周围存在异常，根据 Z 分量响应特征认为钻孔已穿过异常体，由三分量矢量交汇法确定异常中心位于 ZK01 钻孔东北方向，如图 7.6 所示，虚线为原三维地震解释结果，实线为地面-钻孔瞬变电磁法探测解释结果。ZK01 钻孔穿过异常，异常规模约为 100m×80m，异常埋深位于 450～500m。

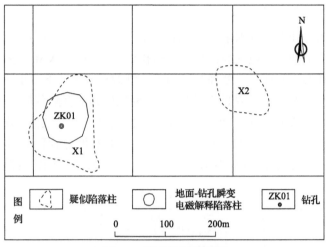

图 7.6 综合推断平面图

3. 地面-钻孔地震探测

1) 数据采集

地面-钻孔地震探测使用 Summit 地震仪，KZ-28 型可控源作为震源激发地震波，钻孔内布置检波器接收，激发测线布置采用平行线束状排列。根据地质任务及钻孔条件，勘探范围内目的层深度最浅为 389.46m，最深为 447.1m，地面-钻孔地震探测设计激发测线 13 条，测线最大长度 1200m，线距 40m，道间距 20m，钻孔中最大接收道 96 道，地面-钻孔地震探测工程布置如图 7.7 所示。

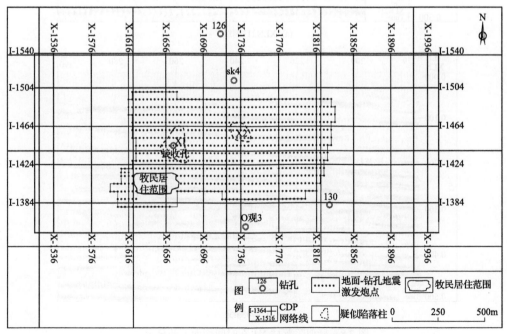

图 7.7 地面-钻孔地震探测工程布置图

2) 地面-钻孔地震数据处理与解释

受野外地形条件和噪声等因素影响，在进行地面-钻孔地震资料解释前需要对采集的数据进行一系列精细处理，包括静校正、反褶积处理、去噪、VSP 等效地面变换、动校正、剩余静校正和偏移处理等，处理结果用于三维偏移成像和下一步解释工作。

探测范围内 9#煤层无断层和陷落柱发育，16#煤层共解释陷落柱一个(X1 陷落柱)和断层三条(F1 断层、F2 断层和 F3 断层)。下面就陷落柱、断层具体情况进行描述。

(1) X1 陷落柱：在 XLN211、ILN90 测线上，T16 波存在同相轴明显增强、频率降低的现象，这是地层陷落破碎不均匀、反射层增多所致，确定为陷落柱，如图 7.8 所示。

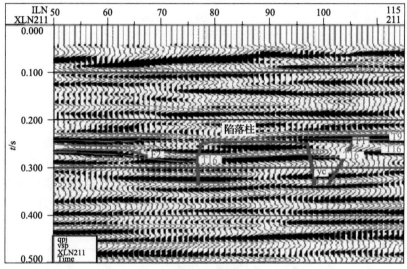

(a) XLN211测线

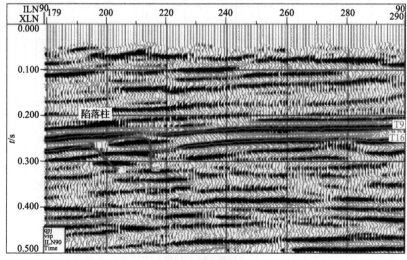

(b) ILN90测线

图 7.8 疑似陷落柱 X1 在时间剖面上的显示

(2) F1 断层：在 XLN195、ILN98 测线上，T16 波存在同相轴明显错断，断层断点清楚，解释为断层，如图 7.9 所示。

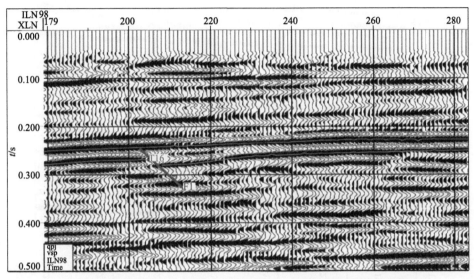

图 7.9　疑似陷落柱 X1 位置处 F1 断层在 ILN98 测线时间剖面上的显示

(3) F2 断层：在 XLN-195 测线上，T16 波存在同相轴明显错断，断层断点清楚，解释为断层，如图 7.10 所示。

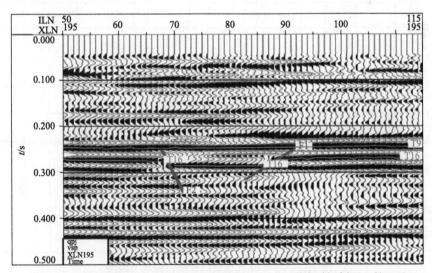

图 7.10　疑似陷落柱 X1 位置处 F2 断层在 XLN195 测线时间剖面上的显示

(4) F3 断层(原 X2 疑似陷落柱位置)：在 ILN106 测线时间剖面上，T16 波存在同相轴明显错断，断层断点清楚，解释为断层，如图 7.11 所示。在地面地震勘探解释的原 X2 疑似陷落柱处没有明显的陷落柱波场特征，因此否定了该疑似陷落柱的存在。

X1 陷落柱、F1 断层、F2 断层和 F3 断层平面位置如图 7.12 所示。

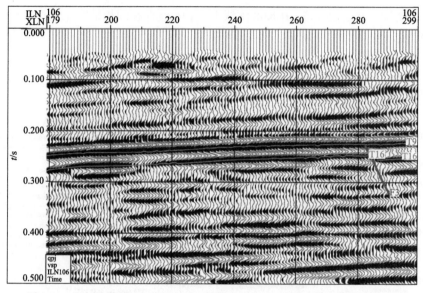

图 7.11　疑似陷落柱 X2 位置处 F3 断层在 ILN106 测线时间剖面上的显示

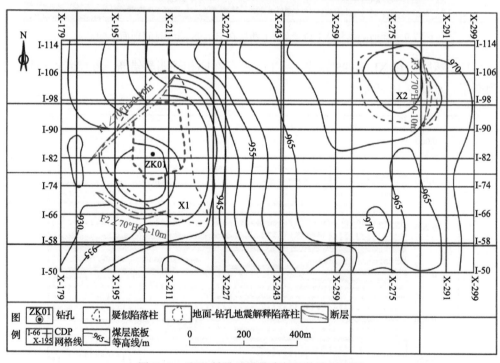

图 7.12　地面-钻孔地震综合解释构造平面图

4. 工程验证

1) X1 陷落柱验证

X1 陷落柱异常中心的钻孔探查结果显示,在 9#煤至 16#煤之间约 12m 的破碎带,说明陷落柱是存在的,也说明该陷落柱仅陷落至 9#煤底板的结论是正确的。地面-钻孔综合地球物理等探测，表明该陷落柱存在伴生断层，修改了地面三维地震勘探解释的原 X1 疑似陷落柱的位置与大小，地面-钻孔综合地球物理圈定的陷落柱范围较地面三维地震勘探范围小，并且在异常区 1 中新解释了两条断层 F1 和 F2。

2）X2 地质异常体验证

为验证地面-钻孔地震对 X2 地质异常体的探测结果，在井下 I030901 回风联巷 1 设计施工了 3 个钻孔，分别为 2-1、2-2 和 2-3，其中钻孔 2-1 和 2-2 验证疑似陷落柱是否存在，钻孔 2-3 验证断层是否存在，钻孔的设计参数见表 7.1，具体位置如图 7.13（a）所示。钻孔 2-1 和钻孔 2-2 分别揭露了 16#煤层，见煤厚度分别为 1.9m 与 7.4m，否定了疑似陷落柱的存在；钻孔 2-3 方位角为 207°，倾角为 27°，钻孔设计深度为 180m，施工深度为 155m，该钻孔揭露了断层，且穿过了断层的两盘，两盘见煤点的煤厚分别为 1.97m 与 5.54m，揭露的煤层厚度具有一盘煤层薄、另一盘煤层厚的产状特征，底板标高差为 9.6m，两个见煤点底板与钻孔交点的水平距离为 11.5m。综合分析认为，钻孔两次穿过 16#煤层，见煤底板标高和煤层厚度均不同，符合断层的产状。

图 7.13（b）为钻孔 2-3 剖面图。可以看出，钻孔两个见煤点之间的高差为 9.6m，水平

表 7.1　X2 地质异常体验证井下钻孔设计参数

编号	孔号	开孔位置	方位角/(°)	倾角/(°)	孔深/m	终孔层位	备注
X2	2-1	030903 胶运 1100m	215	23	225	16#煤下 35.5m	异常体中心探查孔，取芯
	2-2		198	32	165	16#煤下 34.3m	异常体中心探查孔，取芯
	2-3	030901 回风切眼	207	27	155	16#煤下 37.5m	断层探查孔，取芯

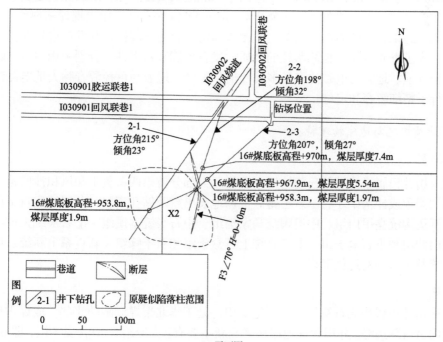

(a) 平面图

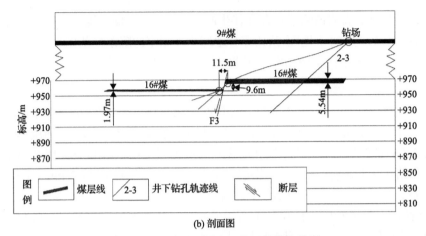

(b) 剖面图

图 7.13 井下验证钻孔的位置及钻探结果

距离为 11.5m，该处煤层近水平，可以确定此处断层的落差为 9.0～10.0m。这两个见煤点的位置分别位于断层的两盘，断层破碎带应该位于两者之间，按该矿区正断层一般倾角 70°、高差 9.6m 计算所得的断层两盘断点间距约为 3.5m。

井下钻孔的探查结果，对地面-钻孔地震的定位结果进行了全面验证，原推断的 X2 疑似陷落柱不是陷落柱，新解释的 F3 断层在落差和平面摆动上的定位误差均小于 5m。

7.1.2 陷落柱范围与富水性精细探测

黄玉川煤矿地面三维地震勘探资料显示，矿区内发育有多处疑似陷落柱（X1、X2、X4 和 X6），如图 7.14 所示，对工作面回采构成重大安全隐患，准确探查这些疑似陷落柱的存在关系到工作面的布置和安全开采。地面 OM9 钻孔施工中出现掉钻现象，且漏水严重，无法施工，推断为地质构造，但无法确认是否为陷落柱，其发育边界及富水性尚不清楚。为了查明 X6 疑似陷落柱的性质、发育范围和富水性，分别采用地震与瞬变电磁法联合反演、地震与电磁法多场多属性信息融合、地震与可控源音频大地电磁法联合反演进行了精细解释和定位。

1. 地质概况与地球物理特征

1）地层

黄玉川井田属半沙漠低丘陵地形，工作区大部分被第四系黄土和风积沙所覆盖，只有局部的梁顶或冲沟中才有基岩出露。根据地表出露及钻孔资料，井田地层自下而上依次为：下奥陶统亮甲山组、中奥陶统马家沟组、中石炭统本溪组、上石炭统太原组、下二叠统山西组和下石盒子组、上二叠统上石盒子组和石千峰组、新近系上新统、第四系上更新统及全新统的近代沉积。

2）煤层

黄玉川井田属华北石炭纪、二叠纪煤田，处于华北聚煤坳陷的北部，成煤古地理环境接近内蒙古陆边缘。井田含煤地层从老到新主要有：太原组（C_2t）含煤 5 层，即 6 上#、6#、8#、9#和 10#煤层，煤层总厚为 21.29m，地层平均总厚为 58.94m，含煤系数为 36%；

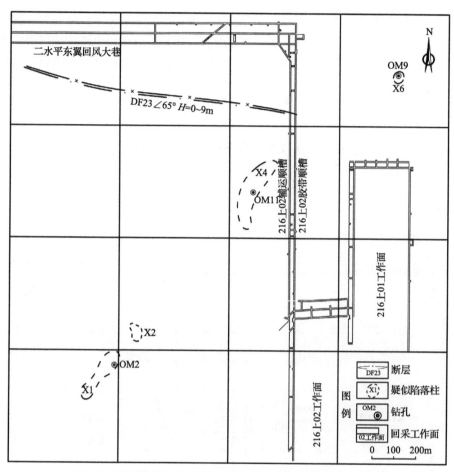

图 7.14 黄玉川煤矿三维地震资料解释的疑似陷落柱发育范围

山西组 (P_1s) 含煤 2 层，均为可采煤层，即 4#和 5#煤层，煤层厚度约为 5.0m，地层平均厚度为 109.82m，含煤系数为 5%。

3) 构造

黄玉川井田位于准格尔煤田南部详查区的深部区，为一倾角小于 15° 的单斜构造，地层走向北北东，倾向北西西。在单斜背景上，局部地区有宽缓的波状起伏。西南部地层呈弧形弯曲，地层走向北东，倾向北西。井田内地层产状平缓，倾角一般为 3°~5°，断裂不发育。褶皱主要为田家石畔挠曲：从井田的西南部向北 37°~49° 东延伸。在该井田仅表现为挠曲，未发生断裂。该井田构造属简单类型。

4) 地球物理特征

黄玉川煤矿地层由浅至深包括第四系风积沙和黄土层、新近系红土层，电阻率相对偏高。侏罗系为紫红、红色砂砾岩，含砾粗砂岩，泥岩和灰白色砂岩，孔隙、裂隙发育，含水丰富，电阻率相对较低。三叠系岩性主要为粉砂岩和细粒砂岩，电阻率相对较高。二叠系的石千峰组与上石盒子组地层以砂质泥岩和泥岩为主，电阻率偏低，但下石盒子组以砂质泥岩、黏土岩及砂岩组成，裂隙较发育，电阻率较低。上石炭统太原组和山西组为煤系地层，电阻率相对较高。奥陶系以黄色白云岩和白云质灰岩为主，电阻率一般相对较高。但该层段的岩溶裂隙较为发育，若存在陷落柱，则地层纵横向电性特征都因陷落柱引起的岩性和富水性的变化而发生变化，电阻率的大小随岩性和富水性程度的变化而变化。

2. 瞬变电磁法与地震综合探测

1）瞬变电磁法数据采集

采用加拿大产 V8 多功能电法仪进行数据采集。X6 疑似陷落柱探查区域为 X6 测区，共布置测线 15 条，在 X6 疑似陷落柱附近测点加密，测线距为 10m，测点距为 10m，向外点、线距逐渐增大，最外围测线距 100m，测点距 100m，测点共计 120 个。工程布置如图 7.15 所示。

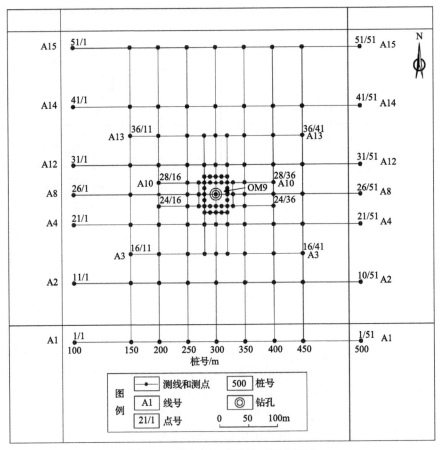

图 7.15　瞬变电磁法野外工程布置图

数据采集参数如下。

发射装置：720m×720m，大定源回线装置。

叠加次数：1024 次。

采样时间：100ms。

采用时窗：100 个。

发射电流：12A。

接收装置：等效面积100m²的空芯线圈。

2) 瞬变电磁法与地震联合反演

地震数据采用以往的三维地震勘探数据。图 7.16 为地震沿瞬变电磁法 A8 线 OM9 钻孔附近的地震剖面。其中，图 7.16(a) 为深度域叠后偏移剖面，图 7.16(b) 为波阻抗反演结果。图中横坐标以 OM9 钻孔为坐标原点，纵坐标以 100m 为深度起点。图中对 4# 煤层(绿色虚线)、6 上#煤层(绿色虚线)、奥灰顶界面(绿色虚线)、疑似陷落柱(紫色实线)和断层(红色实线)进行划分。由图可见，解释的陷落柱埋深约350m，陷落柱直径50～80m。因该段地震剖面位于地震勘探区边界附近，覆盖次数偏少，地震剖面资料质量较差，解释时只能圈定出陷落柱的大致位置。

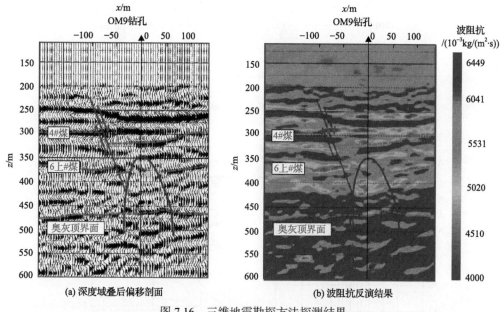

图 7.16　三维地震勘探方法探测结果

利用第4章述及的瞬变电磁法与地震联合反演方法，对 X6 测区 A8 线瞬变电磁法探测数据进行处理，图 7.17 为联合反演结果。由图可见，浅部第四系和古近系盖层电阻率相对较低，中部煤系地层电阻率相对较高。在桩号 300m 附近 4#煤层以下地层电阻率相对较低，解释为陷落柱，其埋深约375m，在 6#煤层水平(深度 390m 水平)直径约为 30m，上小下大，陷落柱深部电阻率低，为导水陷落柱。

3) 多场多属性信息融合定位陷落柱

(1) 地震和瞬变电磁信息融合测线选择。

图 7.18 为选择的测线和剖面，瞬变电磁法 A8 测线与地震勘探的 I1601 测线、瞬变电磁法 8 测线与地震勘探的 X1376 测线均位于疑似陷落柱上方，两测线方位垂直，且均过 OM9 钻孔，选取这两条剖面 AA' 和 BB' 进行信息融合，融合数据的网格大小为 4m×5m。地震 I1601 和 X1376 的深度剖面如图 7.19 所示，瞬变电磁法 A8 和 8 测线的反演电阻率如图 7.20 所示。

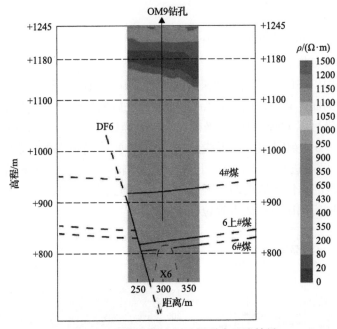

图 7.17　瞬变电磁法与地震联合反演结果

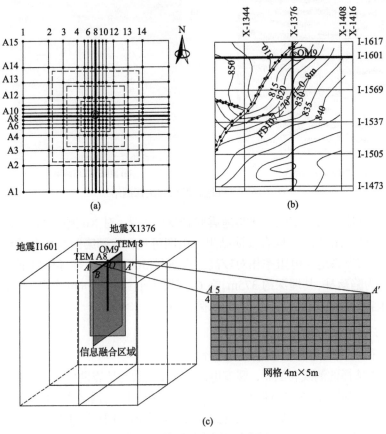

图 7.18　信息融合剖面示意图

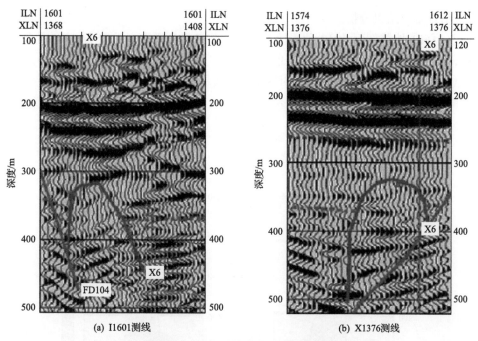

图 7.19 过 X6 陷落柱的地震剖面

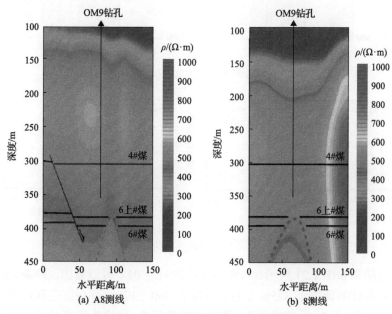

图 7.20 过 X6 陷落柱的瞬变电磁法剖面

　　该段地震剖面资料质量较差，解释时只能圈定出陷落柱的大致位置，且无法反映陷落柱富水性。瞬变电磁法探测的反演电阻率剖面，在陷落柱位置表现为相对低阻，表明该陷落柱富水，但受体积效应影响，陷落柱的边界较模糊，无法精细圈定富水区范围。为了更有效地利用多场信息，结合地震和瞬变电磁法数据，利用第 5 章述及的多场信息融合方法对 X6 疑似陷落柱进行定位。

(2)信息融合结果分析。

提取 I1601 地震剖面的 10 种属性数据组成信息融合样本，选取 OM9 钻孔处的 679 个数据，标记"1"为陷落柱含水(蓝色)，"2"为陷落柱不含水(红色)，"3"为无陷落柱的围岩(黄色)(图 7.21)，进行 PSO-BPNN 的网络训练，数据的 10%作为测试样本，测试集的正确率为 92.75%，如图 7.22 所示。

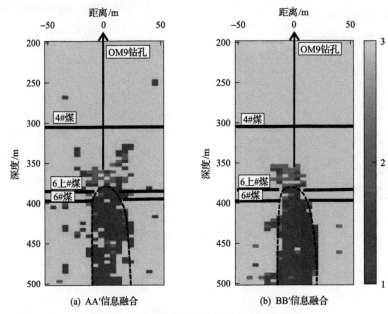

图 7.21　X6 测区疑似陷落柱信息融合结果

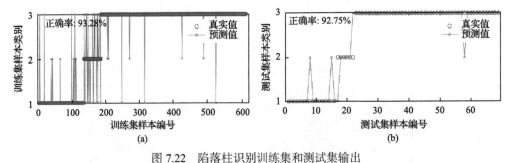

图 7.22　陷落柱识别训练集和测试集输出

剖面融合结果如图 7.21 所示(OM9 钻孔位置对应 0)。可以看出，两条剖面预测结果基本一致，陷落柱的顶位于 375m 左右，深度在 360～375m 存在红色和黄色相间区块，预测为岩层裂隙区，不含水;380m 以下为大片蓝色区块，预测为陷落柱富水性相对较强;6#煤层对应位置处陷落柱直径约 25m，随深度的增加而增大。

3. 可控源音频大地电磁法与地震综合探测

1)数据采集

采用加拿大产 V8 多功能电法仪进行数据采集。图 7.23 为可控源音频大地电磁法探测工程布置图。以 X6 疑似陷落柱为中心，共布置 4 条测线，其中南北向测线 1 条，为 8 号线，东西向测线 3 条，分别为 A6、A8 和 A10 号线，共采集 43 个测点数据。

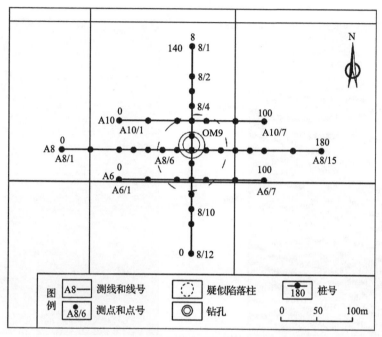

图 7.23　可控源音频大地电磁法工程布置图

2) 资料处理与解释

利用第 4 章述及的可控源音频大地电磁法与地震联合反演方法，对数据进行联合反演处理。先对图 7.24 所示过 A8 测线的 ILN1601 线地震解释剖面进行聚类，聚类结果如图 7.25 所示，将其与可控源音频大地电磁法实测数据进行联合反演计算，得到 A8 测线联合反演结果，如图 7.26 所示。可以看出，A8 测线在垂向上整体成层性较好，横向上电性较为连续。浅部第四系和砂泥岩层电阻率相对较低，显示在图中为连续低阻层。在 4#煤层下、标高+870m（埋深 375m）位置处电阻率等值线呈现出明显的向上凸起的现象，且电阻率值相对较低，深部比浅部更低。联合反演成果解释的陷落柱埋深约 360m，在 6#煤层水平（深度 390m 水平）直径约 30m。

4. 探测成果工程验证

为验证上述电磁法与地震联合反演和多场多属性信息融合技术对 X6 陷落柱发育范围及富水性精细探测的结果，在井下 216 上 01 回风顺槽对 X6 陷落柱进行钻探验证，如图 7.27 所示。补 9 号孔和补 10 号孔钻到煤层底板下出现钻孔涌水，涌水量分别为 69m³/h 与 96m³/h，钻孔揭露破碎带水平宽度达 11m 以上，岩心破碎，水蚀痕迹明显，不同层位的岩石杂乱堆积，证实该构造为一隐伏于 6 上#煤之下的岩溶陷落柱，该陷落柱上方裂隙带已波及至 6 上#煤，致使顺煤层钻孔补 1 号孔、补 2 号孔和补 4 号孔出水。其中，补 9

号孔 61.4～77.4m 全部为破碎带，补 9 号孔倾角–31°，计算垂深+27.10m 处，陷落柱直径约为 27.4m。判断陷落柱形态如图 7.27 所示。

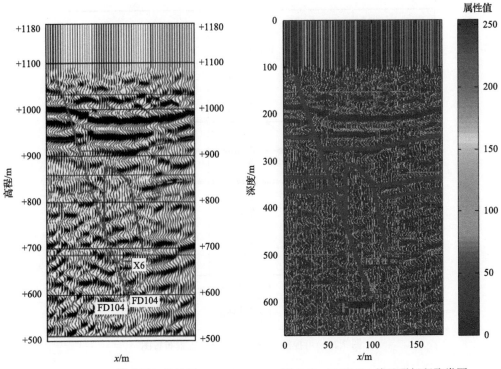

图 7.24　ILN1601 线地震解释结果　　　　　图 7.25　ILN1601 线地震解释聚类图

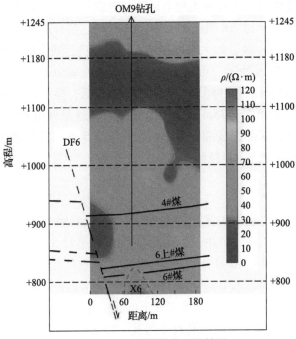

图 7.26　A8 测线联合反演结果

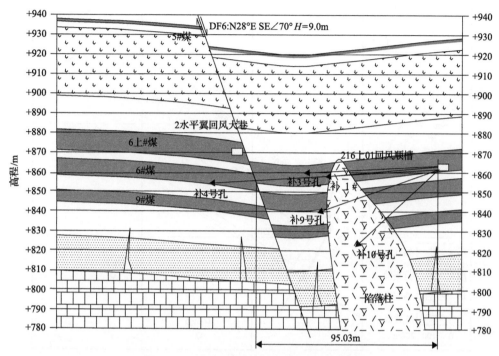

图 7.27 X6 疑似陷落柱井下钻孔验证示意图

综合地球物理方法解释 X6 疑似陷落柱为陷落柱，横截面形状近似圆形，其在对应 6#煤层位的直径为 25～30m，陷落柱在 6#煤以下层位含水，解释结果与实际揭露吻合较好。对比地震与瞬变电磁法联合反演和地震与可控源音频大地电磁法联合反演结果可以发现，虽然两种方法都能较好地反映陷落柱的发育位置及其富水性，但相对而言，地震与瞬变电磁法联合反演对陷落柱边界范围的反映更准确，显示的富水性也更明显。同时，地震与瞬变电磁法的多场多属性信息融合对定位陷落柱边界及富水性优势明显。

7.2 断层精细探测

红柳煤矿主采 2#煤层，其中 I020211 和 I020213 待开采工作面上方存在含水层，煤层开采过程中导水裂隙带会波及含水层，断层的存在加剧了与含水层的沟通，容易造成工作面开采发生突水事故，威胁安全生产。图 7.28 是红柳煤矿 I020211 和 I020213 工作面三维地震解释的断层，可见工作面附近存在多条断层，且落差较大，如 DF7 和 DF8 断层，因断层的位置和富水性尚不清楚，急需精细查明断层分布及其富水性，指导工作面探放水钻孔的合理布置和防治水工作。为此，实施了瞬变电磁法和可控源音频大地电磁法探测 DF7 和 DF8 断层，并对以往的地面三维地震勘探数据进行二次精细处理和解释，在此基础上进行地震与电磁法联合反演，对断层位置、落差及富水性进行准确解释。

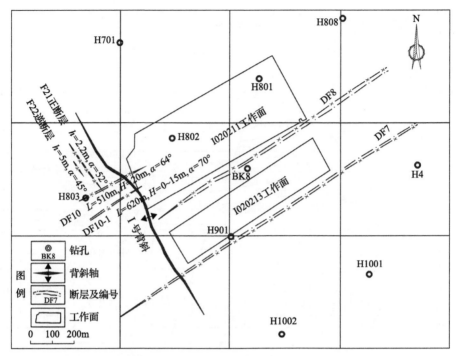

图 7.28　红柳煤矿 I020211 和 I020213 工作面三维地震解释的断层

7.2.1　地质概况与地球物理特征

1) 地层

井田内大部分地区被第四系(Q)风积沙所覆盖，仅在井田西南部有零星基岩出露。经钻孔揭露井田内地层由老至新依次有：三叠系上统上田组(T_3s)；侏罗系中统延安组(J_2y)、直罗组(J_2z)；侏罗系上统安定组(J_3a)；渐新统清水营组(E_3q)和第四系(Q)。

2) 煤层

井田含煤地层为侏罗系中统延安组，根据沉积旋回、标志层及煤层、测井曲线的物性特征、成因标志、垂向层序组合类型以及沉积特点，将延安组划分为五个含煤段。其中 2#煤厚 0.39～10.62m，平均厚度 4.61m，属主要可采煤层；3-2#煤厚 0.20～6.47m，平均厚度 1.99m，属较稳定煤层；4-3#煤厚 0.10～5.91m，平均厚度 2.42m，属较稳定煤层；6#煤厚0.61～5.63m，平均厚度2.97m，属稳定煤层；10#煤厚1.07～9.45m，平均厚度3.57m，属稳定煤层；17#煤在井田的西北部为合并区，煤层厚度 1.04～5.75m，平均 3.12m，属较稳定煤层；18-1#煤厚 0.26～8.69m，平均 2.79m，属较稳定煤层。

3) 构造

红柳井田地处华北地台鄂尔多斯盆地西缘褶皱冲断带的南北向逆冲构造带，是烟墩山逆冲席的前缘带。井田构造总体为北北西向的线性构造。受其影响，含煤地层沿走向产状变化不大，沿倾向有一定的变化，背向斜褶曲的两翼不对称，地层倾角在 10°～25°变化，在断层带附近、煤层露头处局部倾角较大。地震解释成果和钻孔揭露显示，井田发育有 6 个褶曲，由西向东有长梁山向斜、鸳鸯湖背斜、张家庙向斜、张家庙背斜、大羊其向斜、马家滩背斜；发育断层有 44 条，其中落差大于 100m 的断层 10 条，落差为 50～100m 的断层 5 条，落差为 20～50m 的断层 18 条，落差为 5～20m 的断层 11 条。因此，红柳井田的构造复杂程度为中等构造。

4）水文地质概况

按地下水赋存条件和水力性质不同，可划分为孔隙潜水含水层、裂隙-孔隙承压水含水层及岩溶-裂隙承压水含水层。其中，孔隙潜水含水层由各种成因类型的第四系松散堆积层组成，分布于山间小型洼地及沟谷等；碎屑岩裂隙孔隙承压水含水层由古近系、白垩系、侏罗系、三叠系、二叠系与石炭系等组成，影响该矿区的主要含水层为侏罗系含水层。

5）地球物理特征

根据红柳井田地层岩性资料，地层由浅至深包括：第四系沙土层，古近系地层亚黏土及黏土层，侏罗系直罗组砂岩层以中、细粒砂岩和粉砂岩为主，目的层侏罗系中统直罗组中下部为厚数十米至约百米层状的灰白、黄褐或红色含砾粗粒石英长石砂岩，不含水时是该区视电阻率相对较高的地层，电阻率为 50～200Ω·m。侏罗系延安组煤系地层泥岩及粉砂岩电阻率为 30～200Ω·m，煤层电阻率为 150～800Ω·m。三叠系以层状砂岩、粉砂岩、泥岩互层为主，电阻率为 30～100Ω·m。第四系沙土层的电阻率为 15～50Ω·m，新近系安定组泥岩层电阻率相对较低。直罗组上段岩层顶部受风化影响，裂隙发育，电阻率相对偏低，特别是含水后，电阻率更低。直罗组下段的中粗粒砂岩及砂砾岩，属于 II 含水层，电阻率相对偏低。延安组煤系地层的 2#煤至 6#煤层段为 III 含水层，电阻率相对较低，随着深度增加，延安组深部和三叠系岩层的电阻率有所增大。

此外，矿区发育的断层或岩层裂隙将会形成良好的导水通道，电阻率随岩性和富水性程度变化而变化，表现为断层及裂隙发育区不含水时，电阻率相对较高；含水时，电阻率相对较低，地层横向的电性因断层或裂隙发育导致电阻率发生改变。由断层引起的电性变化特征，是利用电磁法查明矿区断层分布及其导水性的地球物理前提。

7.2.2 瞬变电磁法与地震综合探测

1. 瞬变电磁法数据采集

采用加拿大产 V8 多功能电法仪进行数据采集。测区瞬变电磁法探测共布置 8 条测线，线距 100m，点距 30m，物理点 236 个，工程布置如图 7.29 所示。

2. 瞬变电磁法与地震联合反演处理与解释

利用第 4 章述及的瞬变电磁法与地震联合反演方法进行处理和解释。图 7.30 为 L8 线瞬变电磁法与地震联合反演结果。其中，图 7.30（a）为地震时间剖面，图 7.30（b）为地震波阻抗剖面。由地震资料可知，DF7 断层为正断层，落差为 0～25m；DF8 断层为正断

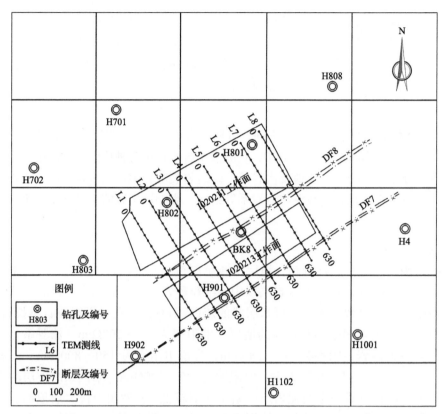

图 7.29　I020211 和 I020213 工作面瞬变电磁法探测工程布置图

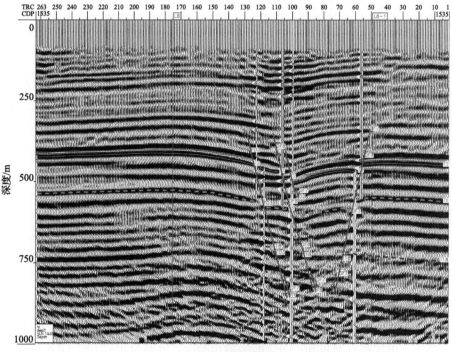

(a) 地震时间剖面

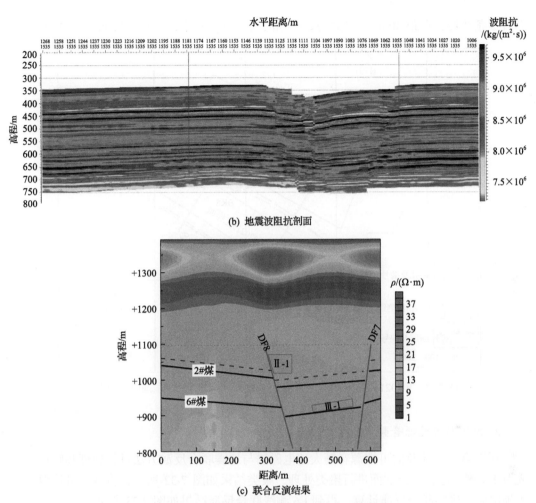

(b) 地震波阻抗剖面

(c) 联合反演结果

图 7.30 L8 线瞬变电磁法与地震联合反演结果

层，落差为 0~40m。从图 7.30(c)可以看出，浅部存在连续的低阻层，位于高程+1250m
附近，厚度约 50m，对应地质资料中的基岩风化带，为相对弱富水反映。2#煤层顶板存
在 1 处低阻异常，Ⅱ-1 异常位于桩号段 310~380m，高程+1020~+1070m 范围内，电阻
率偏低，为相对极弱富水反映。2#煤层底板中Ⅲ含水层富水性较Ⅱ含水层略强，圈定 1
处异常区。Ⅲ-1 异常位于桩号段 440~550m，高程+910~+950m 范围内，电阻率略低，
为弱富水反映，但不排除为岩性变化影响。DF7 断层局部电阻率略低，相对不含水，局
部极弱富水。DF8 断层局部电阻率较低，且贯穿 2#煤层顶底板含水层，上盘电阻率偏低，
为极弱富水，局部相对弱富水，下盘电阻率略高，为极弱富水。

7.2.3 地震与可控源音频大地电磁法综合探测

1. 可控源音频大地电磁法数据采集

采用加拿大产 V8 多功能电法仪进行数据采集。测区可控源音频大地电磁法探测共布置2条测线，点距30m，局部加密至15m，物理点60个，工程布置如图7.31所示。

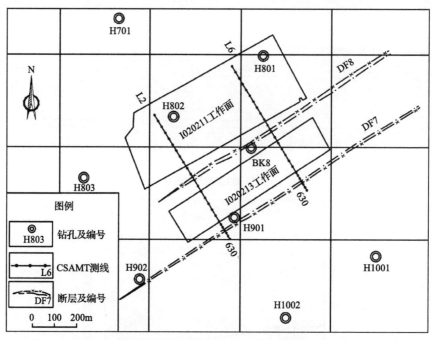

图7.31　I020211和I020213工作面可控源音频大地电磁法探测工作布置图

2. 地震与可控源音频大地电磁法联合反演处理与解释

利用第4章述及的可控源音频大地电磁法与地震联合反演方法进行处理和解释。首先对L6测线地震解释剖面进行聚类处理，聚类结果如图7.32所示，将其与可控源音频大地电磁法进行联合反演计算，得到L6测线联合反演结果如图7.33所示。

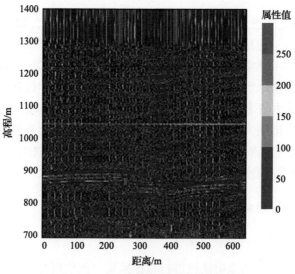

图7.32　L6测线地震解释聚类图

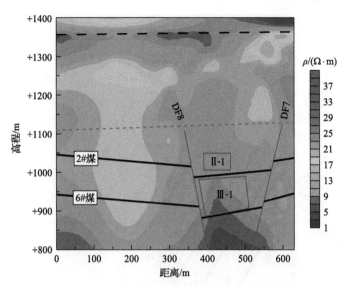

图 7.33 L6 测线联合反演电阻率剖面图

L6 测线地层垂向上整体成层性较好，由浅至深呈"低—高—低"的特征，2#煤顶板局部富水性较弱，2#煤层底板的Ⅲ含水层整体电阻率较高，仅局部略低。共圈定两处低阻异常：Ⅱ-1 异常位于桩号段 400~460m，高程+1000~+1050m 范围，为相对极弱富水反映；Ⅲ-1 异常位于桩号段 380~500m，高程+890~+980m 范围，为相对弱富水反映。从图 7.33 中可以看出，DF8 断层附近电阻率相对较低，上盘电阻率比下盘略低，推断该断层上盘岩层极弱富水，局部相对弱富水，下盘极弱富水。DF7 断层上下盘电阻率低阻特征不明显，推断该断层相对不富水。

7.2.4 探测成果工程验证

为验证瞬变电磁法与地震联合反演以及可控源音频大地电磁法与地震联合反演对 DF7 断层和 DF8 断层的精细探测效果，在井下布置钻孔进行验证。

1. DF7 断层验证情况

在井下 I020211 工作面运输顺槽分别施工了钻孔 J1-1、J4-1 和 J6-1，对 DF7 断层含水性进行钻探验证，如图 7.34 所示，终孔均无水。钻孔揭露断层落差为 22m，平面位置摆动误差小于 5m。地震与电磁法联合反演对 DF7 断层的定位结果与钻探结果吻合较好。

2. DF8 断层验证情况

在井下 I020211 工作面回风顺槽施工了 F4-1、F2-1 和 F2-2 钻孔，对 DF8 断层含水性进行钻探验证，如图 7.34 所示，终孔均无水。在井下 I020213 工作面运输顺槽与工作面切眼交界处施工了 F1-1 钻孔，对 DF8 断层上盘含水性进行钻探验证，钻孔初始出水量为 41m³/h，但衰减较快。钻孔揭露断层落差约为 42m，平面位置摆动误差小于 5m。地震与电磁法联合反演对 DF8 断层的定位结果与钻探结果吻合较好。

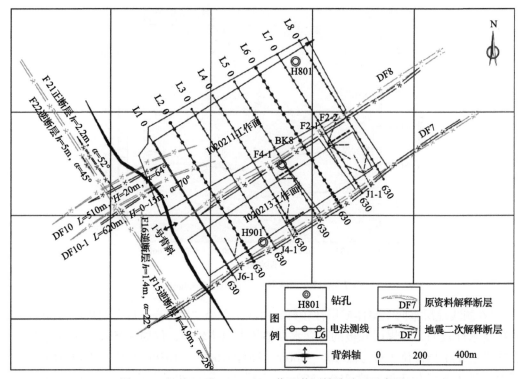

图 7.34   I020211 和 I020213 工作面井下钻孔验证示意图

7.3   煤矿采空区精细探测

哈拉沟煤矿周边地方小煤矿无序越界开采现象严重，地方小煤矿生产技术落后、生产管理松懈和安全生产意识淡薄，造成乱掘、乱采以及越界开采，导致哈拉沟煤矿周边存在多处疑似积水采空区，其中地方小煤矿郝家壕煤矿越界开采了哈拉沟煤矿的煤炭资源，在这些越界开采范围，以往的地球物理勘探圈定了大面积疑似积水采空区。这些疑似积水采空区的存在严重制约了哈拉沟煤矿的工作面布置和生产安全，需要进一步精细查明疑似积水采空区分布范围以及含水情况。

哈拉沟煤矿探测区内果园较多，果树高且较密集，多处果园边界布有铁丝保护网，加上区内中北部有三条 20m 左右深的沟壑，这些因素对地面地球物理探查精度带来较大的影响，大大增加了施工难度，降低了工作效率。同时，区内有两路高压线，电磁干扰严重。为实现高效率圈定地下采空积水区域，综合考虑以上不利因素，首先选择受地表条件影响小的地-空电磁法进行全区快速探测，圈定重点异常区域。然后利用地面瞬变电磁法对圈定的重点异常区域进行验证，进一步精确圈定异常范围。此外，由于郝家壕地方小煤矿在探测区域除存在 2-2 煤采空区外，还可能存在巷道，目标地质体尺度小，导致异常响应特征不明显。另外，2-2 煤层上方的直罗组层段为含水层，富水性不均匀，局部含水层厚度大，同样为低电阻率特征，将会影响对积水采空区位置的判断，大大增加了异常范围精细定位的难度。因此，在地-空电磁法和地面电磁法探测成果的基础上，进一步采用核磁共振探测法对异常区域进行富水程度确定，最终实现对疑似积水采空区发育范围和含水情况的精细探查。

7.3.1 地质概况与地球物理特征

1. 地质概况

研究区地表为第四系松散沉积物所覆盖，地层由老至新有三叠系上统永坪组（T_3y）、侏罗系中统延安组（J_2y）、侏罗系中统直罗组（J_2z）、上新统三趾马红土（N_2）及第四系（Q）。

地层中侏罗系中统延安组为含煤地层，如图 7.35 所示，根据成因不同可划分为五个含煤层（旋回），分别为 1-2 煤层、2-2 上煤层、2-2 煤层、3-1 煤层、4-2 煤层、4-3 煤层、4-4 煤层和 5-2 煤层。

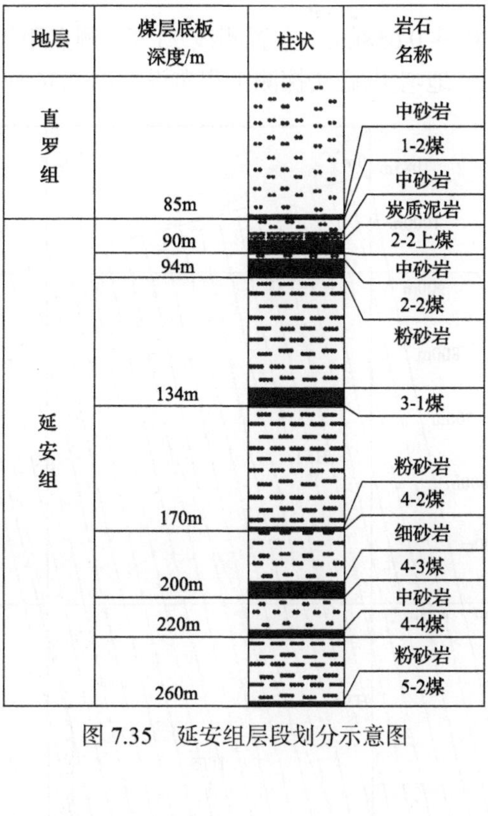

地层	煤层底板深度/m	柱状	岩石名称
直罗组			中砂岩
			1-2煤
			中砂岩
	85m		炭质泥岩
延安组	90m		2-2上煤
	94m		中砂岩
			2-2煤
			粉砂岩
	134m		3-1煤
			粉砂岩
			4-2煤
	170m		细砂岩
			4-3煤
	200m		中砂岩
	220m		4-4煤
			粉砂岩
	260m		5-2煤

图 7.35　延安组层段划分示意图

2. 地球物理特征

哈拉沟煤矿地层由浅至深包括第四系风积沙、新近系黏土层，电阻率相对较低；直罗组以细-粉砂岩为主，局部夹砂质泥岩及泥岩，电阻率有所增大，但局部层位电阻率相对较低；延安组为煤系地层，其中夹杂较多的长石砂岩和粉砂岩，电阻率相对较高；三叠系以石英砂岩为主，相对于煤系地层，其电阻率有所降低。测区测井资料显示，哈拉沟煤矿浅部第四系为相对低阻，当深度增加至侏罗系直罗组地层时，电阻率有所升高，而侏罗系延安组煤系地层整体显示为相对高阻特征，仅局部砂岩层等电阻率相对略低。至较深处的延安组底界及上三叠统永坪组，岩性变为电阻率相对较低的粉砂岩及泥岩地层。因此，研究区地层电性由浅至深整体为"低阻—高阻—低阻"特征，纵向电性变化明显。在有积水采空区的情况下，地层横纵向电性都因采空区引起的岩层破碎和富水性的变化而发生变化，电阻率的大小随采空区、岩层裂隙范围和富水程度的变化而变化，这是利用电磁法探测积水采空区的地球物理前提。此外，地下水赋存的差异导致水中氢质子的核磁共振信号也将明显不同，表现为核磁共振信号也将随岩层或采空区富水性程度的变化而变化，这是利用核磁共振法判断含水层或采空区含水量等信息的地球物理前提。

7.3.2 地-空电磁法探测

1.数据采集

地-空电磁法探测面积共 0.658km²，布置测线 23 条，测点距为 10m，测线距为 30m，实测物理测点共 3827 个。地-空电磁法探测工程布设如图 7.36 所示。

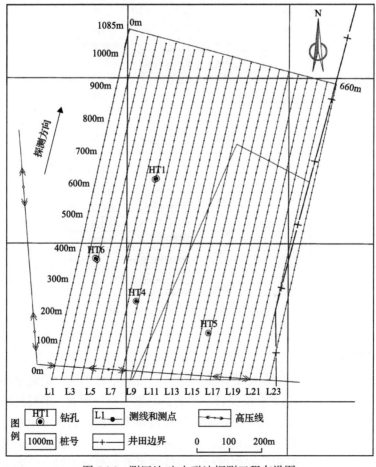

图 7.36 测区地-空电磁法探测工程布设图

为保障数据采集的质量,在进行地-空电磁法数据采集前,需要开展一系列相关试验,优化探测参数。在对多种影响数据质量的因素进行分析与筛选后,分别针对偏移距、发射电流、飞行速度和飞行高度等参数进行试验。经对比分析,得出最终采用的具体工作参数如表 7.2 所示。其中,电性源长度、接收线圈面积、最大电压、采样频率和发射波形均为系统参数。

表 7.2　地-空电磁法探测工作参数

电性源长度 /m	发射电流 /A	接收线圈面积 /m²	采样频率 /kHz	发射 波形	最大电压 /V	最大偏移距 /m	航速 /(m/s)	飞行高度 /m
1200	30	2160	33	双极性方波	1200	600	5	30

2. 资料处理与解释

野外采集的地-空电磁法数据包含噪声等干扰,将会降低数据质量,影响资料解释精度。因此,采用多种有效方法对数据进行高精度处理,包括基线校正、小波噪声压制和视电阻率-深度计算图等。

图 7.37 为地-空电磁法 L3 线的视电阻率-深度剖面图。图中,视电阻率由浅至深表现为"高阻—低阻—高阻"的特征,在 2-2 煤层附近桩号 200～450m 范围内相对围岩视电阻率明显较低,但地面钻孔 HT2 未见积水采空区,结合地质资料,推断该低阻异常是由煤层顶底板砂岩相对富水引起的。

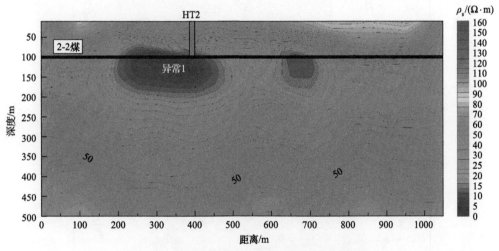

图 7.37　地-空电磁法 L3 线视电阻率-深度剖面图

图 7.38 为地-空电磁法 L8 线的视电阻率-深度剖面图,图中视电阻率由浅至深表现为"高阻—低阻—高阻"的特征,围岩的视电阻率普遍较高,仅在 2-2 煤层附近的桩号 200～400m 范围内有明显低阻异常,该位置由钻孔 HT4 揭露为采空区,验证了探测结果的准确性。

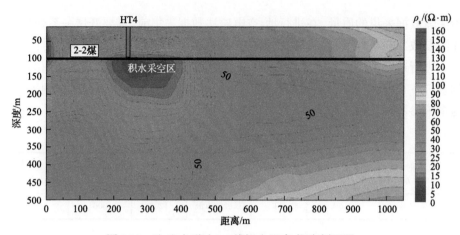

图 7.38　地-空电磁法 L8 线视电阻率-深度剖面图

在结合已知资料对地-空电磁法各测线探测成果分析的基础上，沿探测区 2-2 煤层顶板 10m 高度绘制了视电阻率切面图，如图 7.39 所示。

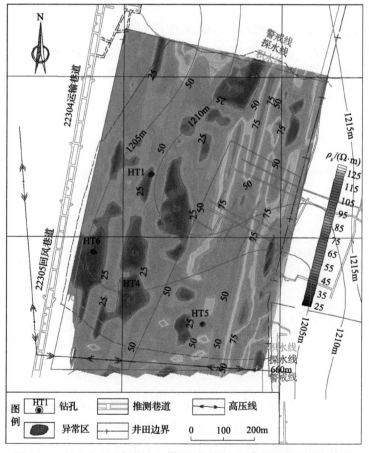

图 7.39　地-空电磁法探测 2-2 煤层顶板视电阻率切面图及解释成果

图 7.39 中钻孔 HT4 处已揭露为采空区，地-空电磁法在该处的探测结果为明显相对

低阻异常，与实际完全吻合，解释为积水采空区。钻孔 HT2 和 HT6、钻孔 HT1 和 HT3 均见 2-2 煤，终孔未见采空区，但地-空电磁探测结果在钻孔 HT2 和 HT6 位置附近显示为相对低阻异常，结合地质资料推测是煤层上覆砂岩含水层相对富水引起的低阻异常。在对地-空电磁法探测成果综合分析后，划分五处低阻异常分别为：异常 1#附近存在高压线，推断为由电磁干扰引起的假异常；异常 2#推断为疑似积水采空区；异常 3#推断为 2-2 煤层顶板含水层相对富水引起；异常 4#推断为疑似积水采空区引起；异常 5#为积水采空区。

地-空电磁法探测结果中，全区地层电性整体正常，仅局部存在相对低阻区，主要分布在测区中部，依据探测成果较好地圈定了全区的相对低阻异常范围，为下一步地面瞬变电磁法精细探测积水采空区的工程布置及资料解释等提供了参考依据。

7.3.3 地面瞬变电磁法探测

1. 数据采集

地面瞬变电磁法测线沿近东西向布置，测网密度设计为 15m×30m，共设计测线 31 条（D1～D31 线），点距为 15m，线距为 30m。另外，穿过 HT2 和 HT4 钻孔布置试验线 T1 测线，点距 10m。现场数据采集中，在地-空电磁法探测低阻异常区进行适当加密，点距 7.5m。全区实测物理点 1436 个，质量检查点 60 个，测线布置如图 7.40 所示。

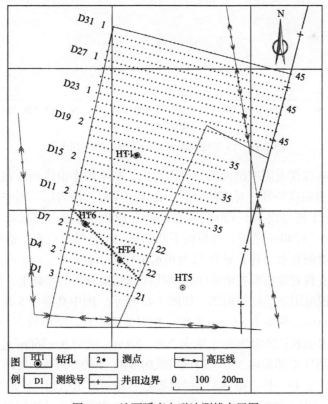

图 7.40　地面瞬变电磁法测线布置图

2. 资料处理与解释

对地面瞬变电磁法数据进行预处理，包括剔除畸变数据、噪声压制等，在此基础上进行Occam反演处理，绘制视电阻率剖面图、主要层位切面图和立体图件进行资料解释。

图 7.41 为 T1 线视电阻率剖面图，该测线过 HT2 和 HT4 钻孔。其中，HT2 钻孔处煤层完整，HT4 钻孔揭露采空区。从图中可以看到，电阻率整体较高，仅局部电阻率偏低。图中存在 3 处低阻异常区域：异常 1#电阻率相对较低，位于桩号 80～125m、高程 1200～1230m 范围，结合地质资料，推测该异常为 2-2 煤层顶板砂岩局部相对弱富水引起；异常 2#电阻率相对较低，位于桩号 140～200m、标高 1180～1250m 范围，主要低阻区位于 2-2 煤上方，推测为 2-2 煤层顶板砂岩局部相对弱富水引起；异常 3#电阻率相对偏低，位于桩号 228～255m、标高 1190～1210m 范围，为积水采空区引起的异常响应。

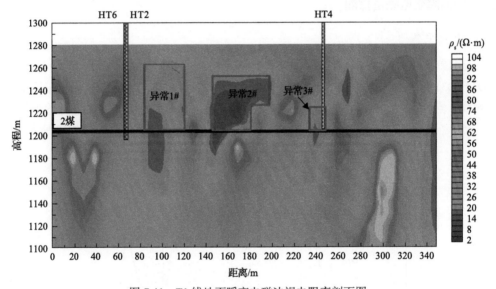

图 7.41　T1 线地面瞬变电磁法视电阻率剖面图

图 7.42 为 D4 线视电阻率剖面图。可以看出，视电阻率由浅到深表现为"低阻—高阻—低阻"的 K 型曲线特征，对应砂岩层—含煤层层段—砂岩层。图中存在两处相对低阻异常：异常 1#位于桩号段 50～120m、高程 1180～1240m 范围；异常 2#位于桩号段 230～280m、高程 1180～1240m 范围，等值线下凹明显。结合地质资料，推断异常 1#为 2-2 煤层顶板砂岩相对弱富水引起，异常 2#为积水采空区引起。

在结合地质资料对地面瞬变电磁法各测线探测结果分析的基础上，沿 2-2 煤层附近深度提取并绘制视电阻率顺层切面图，如图 7.43 所示。图中共圈定 5 处异常区域：异常 1#位于横向 0～200m、纵向 0～500m 范围，相对低阻明显，范围较大，推断为 2-2 煤层顶板砂岩相对富水引起；异常 2#位于横向 200～300m、纵向 0～360m 范围，为积水采空区；异常 3#位于测区中部横向 360～500m、纵向 340～540m 范围，推断为疑似积水采空区，但不排除与异常 1#一样，由 2-2 煤层顶板砂岩相对富水引起；异常 4#位于测区西北部横向 0～140m、纵向 780～900m 范围，推断为 2-2 煤层顶板砂岩相对富水引起；异常

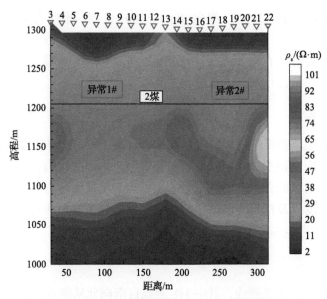

图 7.42　D4 线地面瞬变电磁法视电阻率剖面图

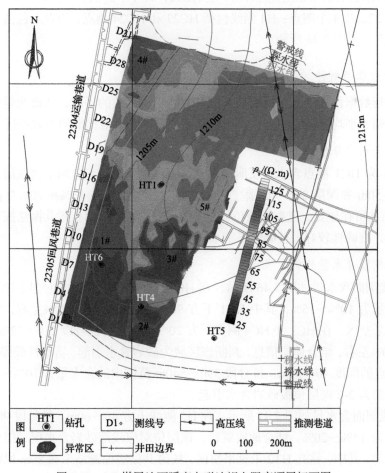

图 7.43　2-2 煤层地面瞬变电磁法视电阻率顺层切面图

5#位于测区中部横向 300～340m、纵向 400～570m 范围，推断为疑似采空区。相对地-空电磁法探测结果而言，地面电磁法进一步圈定了低阻异常的范围。从平面图中可以看出，地面瞬变电磁法消除了地-空电磁法在测区东北区域的假异常，并在测区西北方向增加一处顶板富水区异常，且修正了其他几处低阻异常的边界。

7.3.4 核磁共振法探测

由于测区浅部地层和煤层顶板岩层存在相对富水不均一的低阻厚砂岩层，对地-空电磁法和地面电磁法探测积水采空区的精度和分辨率产生很大影响，且这两种电磁法无法直接获取岩层及采空区的含水量信息。为进一步确定上述两种方法探测结果的准确性，并获取地层含水程度以及指导验证钻孔的布设，采用核磁共振法对已圈定的低阻异常区进行探测。

1. 数据采集

核磁共振法共布置 4 条测线，其中 H1 测线自南向北从测点 HCT2 至 HC14，共 20 个测点；H2 测线自南向北从测点 HC15 至 HC18，共 4 个测点；H3 测线自南向北从测点 HC19 至 HC22，共 4 个测点；H4 测线包括 HC23 和 HC24 测点；检查点包括 HC3～HC8 和 HC11 测点，如图 7.44 所示。

2. 资料处理与解释

首先进行数据预处理，包括磁共振信号的消噪和参数的提取，从而获得四个关键参数：初始振幅、平均衰减时间、初始相位和接收频率，再对提取的参数进行反演成像。

1）单点含水量分析

图 7.45 为 HC1 测点含水量反演结果，该测点地下明显包含两个含水层，分别分布在中层 40～50m 和深层 80～90m 附近，对应的含水量保持在 15% 和 20% 左右。HC1 测点为 HT4 钻孔所在位置，已探明该位置是 2-2 煤采空区，说明核磁共振法探测结果与实际资料吻合，准确性较好，且确定了富水程度。

2）测线剖面含水量分析

H1 测线剖面含水量如图 7.46 所示，在 HCT2 和 HCT3 测点，桩号段 100～140m 范围内的含水量为 10%～15%，其中 HC1 下方 90m 深度含水量为 20% 左右，该位置为已确认的积水采空区。在 HC3 和 HC4 测点下方 20～60m 处，桩号段 210～320m 范围内的含水量在 20% 左右，结合地层信息，判断该区域为砂岩含水引起，富水性较强。在 HC6-1 到 HC10 测点的深度 40～60m，桩号段 390～540m 范围内的含水量为 10%～17%，结合地层信息推测为 2-2 煤层顶板砂岩含水引起。

H2 测线剖面含水量如图 7.47 所示，在 H2 测线下方 40～60m，桩号段 90～360m 范围内含水量为 15%～20%。结合地质资料，该层位对应浅部砂岩含水层，但横向上富水性相对不均匀。其中，钻孔 HT2 未见采空区，核磁共振法探测结果在 80m 以深的含水量

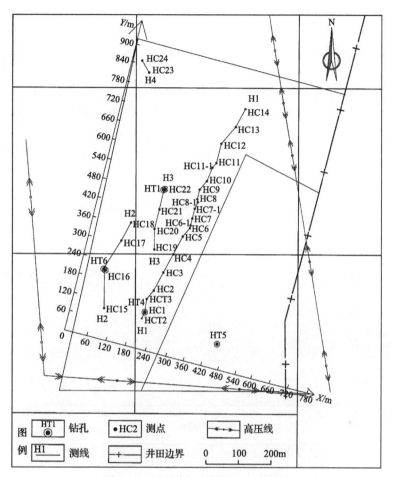

图 7.44 核磁共振法探测工程布置图

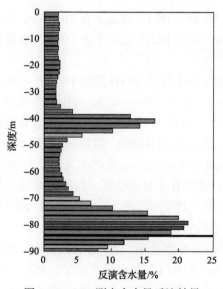

图 7.45 HC1 测点含水量反演结果

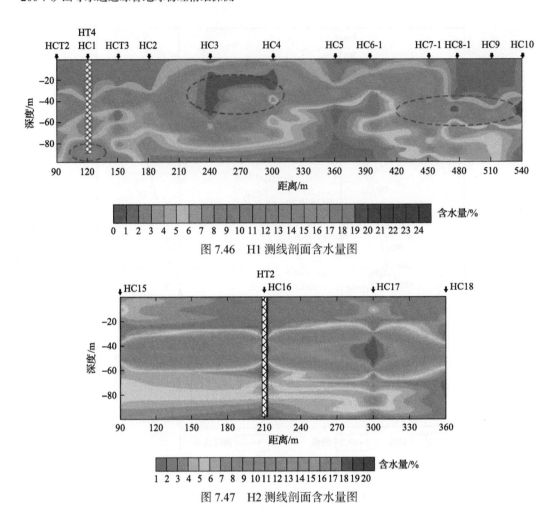

图 7.46　H1 测线剖面含水量图

图 7.47　H2 测线剖面含水量图

低，与钻孔结果吻合。在 HC16～HC17 测点下方 80～90m 范围内，桩号段 210～300m 范围内含水量为 8%～15%，其中 HC17 测点下方 90m 含水量为 15% 左右，可能是局部砂岩弱富水引起的。

H3 测线剖面含水量如图 7.48 所示，在 H3 测线下方 20～50m 深度，桩号段 300～480m 范围内含水量为 10%～20%。其中，300～400m 范围内含水量为 17%～20%，含水量相对较大；400～480m 范围内含水量为 10%～15%，含水量相对较小。结合地质资料，该层位对应浅部砂岩含水层，富水性相对较强，但局部富水不均匀。此外，在 HC21～HC22 测点下方 60～80m 处，横向上 400～480m 范围内含水量为 8%～13%，为弱富水反映。HC22 处为钻孔 HT1 位置，该钻孔未见采空区，核磁探测结果与实际相符。

H4 测线剖面含水量如图 7.49 所示，在 20～60m 深度范围内，含水量为 15%～20%。结合地质资料，推测为浅部砂岩含水层相对弱富水引起。

从核磁共振法的探测结果可以看出，测区内部分测点沿深度方向的含水量变化特征明显，其中深度 30～60m 范围内存在明显含水层，相对于探测分辨率受该含水层影响较大的地-空电磁法和地面电磁法，核磁共振法仍具有很高的分辨率。特别是 HT4 钻

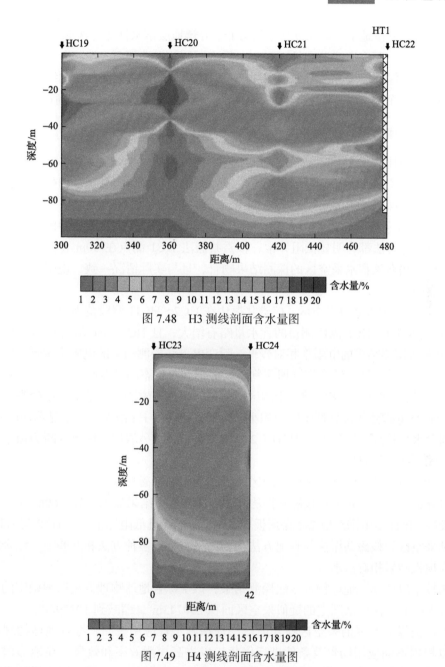

图 7.48 H3 测线剖面含水量图

图 7.49 H4 测线剖面含水量图

孔的终孔附近含水量较高，与钻探结果能够很好地吻合。此外，在 HC3 测点下方 70~80m 附近的岩层也具有较高含水量，对应的地-空电磁法和地面瞬变电磁法在该处也有明显的相对低阻异常。然而，结合 HT4 钻孔和已有地质资料可知，HC3 处的煤层埋深约90m，据此推断该异常是由煤层顶板岩层局部含水引起的，并非由积水采空区引起。为进一步验证探测结果，在 HC3 测点处进行钻探验证，钻孔于 91m 处见 2-2 煤，至终孔110m 范围内均未见采空区，证实了核磁共振法探测结果的准确性。由此可见，核磁共振法可以较好地分辨地下不同深度含水层分布, 分辨地层富水性能力比地-空电磁法和地面瞬变电磁法强。地-空电磁法和地面瞬变电磁法探测的电性剖面上浅部含水地层的低阻下延特征往往对深部岩层电性特征产生影响, 因此结合核磁共振法的探测结果就可以排除这些影响, 进而大大提高地-空电磁法和地面瞬变电磁法资料解释的准确性。

7.3.5 综合地球物理探测成果

在综合对比分析上述地-空电磁法、地面瞬变电磁法和核磁共振法探测成果的基础上, 结合地质资料和钻孔资料等, 对工作区 2-2 煤及顶板岩层共确定四处低阻异常区, 综合地球物理探测地质成果如图 7.50 所示, 分述如下。

(1)积水采空区。该区域内有 HT4 钻孔, 已揭露为积水采空区。其中, 地-空电磁法和地面瞬变电磁法都为明显低阻异常, 核磁共振法 HC1 测点在 90m 位置测得含水量较高, 多种方法在该积水采空区的探测结果吻合, 且与实际情况一致, 说明综合探测成果的可信度高。

(2)疑似含积水巷道采空区。核磁共振法在 HC7~HC11 测段范围内测得的含水量较小, 但在 HC7-1~HC8 测段测得的含水量略有增大, 且 HC9~HC10 测段东侧局部区域地-空电磁法探测结果的电阻率相对较低, 瞬变电磁法探测结果的电阻率偏低, 推断为疑似含积水巷道采空区, 结合煤层埋深判断其为半充水状态的可能性较大。

(3)顶板富水区 1。该区域位于测区西北角, 瞬变电磁法探测结果在该处为明显低阻异常, 地-空电磁法在该处低阻区面积小, 核磁共振法的 H4 线探测结果显示 20~60m 深度范围含水量较高, 该深度范围对应 2-2 煤顶板直罗组砂岩层, 因此推断为顶板砂岩相对富水区引起的低阻异常。

(4)顶板富水区 2。该区域位于测区西南侧, 地-空电磁法和瞬变电磁法在该处均为明显低阻异常, 且范围较大; 核磁共振法的 H2 测线探测结果显示, 30~60m 深度范围含水量较高。该深度范围对应 2-2 煤顶板直罗组砂岩层, 且低阻异常区内 HT2 与 HT6 钻孔均未见采空区。核磁共振法与其他方法探测结果吻合, 多种方法相互验证, 综合解释该区域为顶板砂岩相对富水区。

相较于以往单一地球物理方法探测结果, 该次综合地球物理方法探测确定的采空区范围大大缩减, 由原来圈定的疑似采空区面积 290743m², 缩减到 19379m²。

哈拉沟煤矿开展的采空区综合地球物理探测工程应用表明, 综合地球物理精细探测可以根据不同应用场景及条件进行优化, 以提高探测效率和效果。在地形起伏大、地面障碍物多等较为复杂的区域, 利用地-空电磁法快速圈定地下岩层相对富水区, 确定重点异常范围, 在此基础上利用地面高精度瞬变电磁法进行局部精细探测, 最后辅以适量的核磁共振法探查来确定含水层层位及其富水性; 在地形较平坦等条件较好的区域, 尽管地下存在复杂采空区, 仍可以以地面瞬变电磁法为主, 结合地面瞬变电磁法探测结果, 针对性地开展局部区域核磁共振法探测工作, 为地面瞬变电磁法资料解释提供依据; 在具备钻孔的条件下, 可以实施地面-钻孔地球物理方法, 采空区定位精度会大大提高。

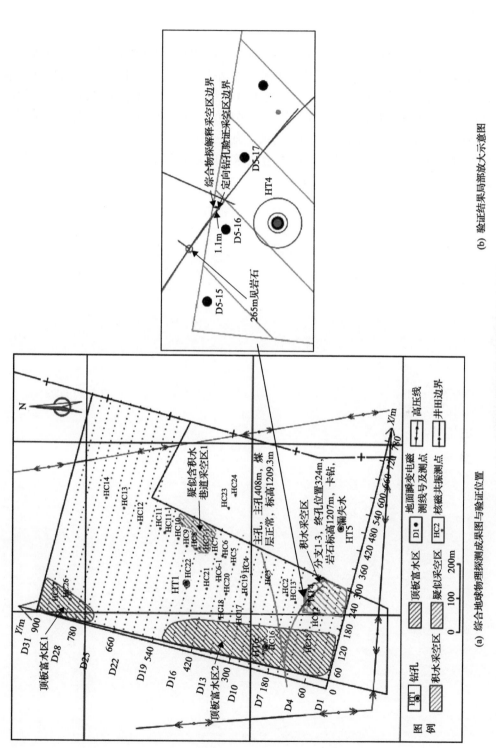

(a) 综合地球物理探测成果图与验证位置

(b) 验证结果局部放大示意图

图7.50 综合地球物理探测成果图与验证示意图

7.3.6 探测成果工程验证

为了验证上述综合地球物理方法对哈拉沟煤矿采空区及其边界精细定位的准确性，选择在 HT4 钻孔附近圈定的积水采空区开展井下钻孔探查验证工作。在井下 23304 运输顺巷施工定向钻孔 1 验证积水采空区，如图 7.50 所示，分支 1-3 孔进尺 324m，位于煤层顶板钻进，出现卡钻，漏失水，为采空区顶板破碎的反映；在 262m 位置处，与采空区贯通，钻具捅进 2m，不返水，孔内向外返风，确定为采空区边界，与综合地球物理方法解释结果相差小于 3m。工程应用表明，综合地球物理方法实现了对积水采空区的精细探测，达到了对采空区边界精确定位的目的。

参 考 文 献

安晋松, 孙庆先, 邱浩, 等. 2015. 井下陷落柱综合探测技术试验研究[J]. 煤炭科学技术, 43(10): 144-147.

白登海, Maxwell A M, 卢健, 等. 2003. 时间域瞬变电磁法中心方式全程视电阻率的数值计算[J]. 地球物理学报, 46(5): 697-704.

白瑜. 2016. 基于模式识别的地震资料解释技术及应用[D]. 北京: 煤炭科学研究总院.

曹辉, 何兰芳, 何展翔, 等. 高频电磁测深在地下热水勘探中的应用[J]. 应用地球物理(英文版), 2006, (4): 248-254, 262.

陈相府, 安西峰, 王高伟. 2005. 浅层高分辨地震勘探在采空区勘测中的应用[J]. 地球物理学进展, 20(2): 437-439.

程建远, 王玺瑞, 郭晓山, 等. 2008. 东庞矿突水陷落柱三维地震处理效果与对比[J]. 煤田地质与勘探, 36(1): 62-65.

程建远, 覃思, 陆斌, 等. 2019a. 煤矿井下随采地震探测技术发展综述[J]. 煤田地质与勘探, 47(3): 1-9.

程建远, 朱梦博, 王云宏, 等. 2019b. 煤炭智能精准开采工作面地质模型梯级构建及其关键技术[J]. 煤炭学报, 44(8): 2285-2295.

程久龙, 于师建, 邱伟, 等. 1999. 工作面电磁波高精度层析成像及其应用[J]. 煤田地质与勘探, 27(4): 62-64.

程久龙, 王玉和, 于师建, 等. 2000. 巷道掘进中电阻率法超前探测原理与应用[J]. 煤田地质与勘探, 28(4): 60-62.

程久龙, 胡克峰, 王玉和, 等. 2004. 探地雷达探测地下采空区的研究[J]. 岩土力学, 25(S1): 79-82.

程久龙, 李文, 王玉和. 2008. 工作面内隐伏含水体电法探测实验研究[J]. 煤炭学报, 33(1): 59-62.

程久龙, 潘冬明, 李伟, 等. 2010. 强电磁干扰区灾害性采空区探地雷达精细探测研究[J]. 煤炭学报, 35(2): 227-231.

程久龙, 李飞, 彭苏萍, 等. 2014a. 矿井巷道地球物理方法超前探测研究进展与展望[J]. 煤炭学报, 39(8): 1742-1750.

程久龙, 李明星, 肖艳丽, 等. 2014b. 全空间条件下矿井瞬变电磁法粒子群优化反演研究[J]. 地球物理学报, 57(10): 3478-3484.

程久龙, 谢晨, 孙晓云, 等. 2015. 随掘地震超前探测理论与方法初探[C]//中国地球科学联合学术年会论文集. 北京: 中国和平音像电子出版社: 90-91.

程久龙, 程鹏, 李亚豪. 2022. 基于 IABC-ICA 的随掘地震去噪方法[J]. 煤炭学报, 47(1): 413-422.

程文楷, 刘永平. 1995. 矿用红外辐射测温技术的研究[J]. 煤炭学报, 20(6): 578-582.

戴世鑫, 胡勋, 董艳娇, 等. 2022. 南方典型煤田不同埋深小断层识别规律研究[J]. 矿业科学学报, 7(1): 123-133.

董浩, 魏文博, 叶高峰, 等. 2014. 基于有限差分正演的带地形三维大地电磁反演方法[J]. 地球物理学报, 57(3): 939-952.

董书宁. 2010. 对中国煤矿水害频发的几个关键科学问题的探讨[J]. 煤炭学报, 35(1): 66-71.

杜文凤, 彭苏萍, 黎威威. 2006. 基于地震层曲率属性预测煤层裂隙[J]. 煤炭学报, 31(S1): 30-33.

杜文凤, 彭苏萍, 师素珍. 2015. 深部隐伏构造特征地震解释及对煤矿安全的影响[J]. 煤炭学报, 40(3): 640-645.

郭纯, 刘白宙, 白登海. 2006. 地下全空间瞬变电磁技术在煤矿掘进头的连续跟踪超前探测[J]. 地震地质, 28(3): 456-462.

郭彦民, 冯世民. 2006. 利用三维地震及瞬变电磁法探查老窑、采空区[J]. 中国煤田地质, 4: 64, 65.

国家安全生产监督管理总局信息研究院. 2014. 煤矿隐蔽致灾因素与查探[M]. 北京: 煤炭工业出版社.

韩德品, 张天敏, 石亚丁, 等. 1997. 井下单极—偶极直流电透视原理及解释方法[J]. 煤田地质与勘探, 25(5): 34-37.

韩德品, 李丹, 程久龙, 等. 2010. 超前探测灾害性含导水地质构造的直流电法[J]. 煤炭学报, 35(4): 635-639.

韩自强, 刘涛, 欧阳进, 等. 2015. 矩形大定源回线 TEM 法全区视电阻率在煤田采空区勘探中的应用[J]. 地球物理学进展, 30(1): 343-349.

郝治鑫, 贾树林, 文群林. 2012. 综合物探方法在采空区及其富水性探测中的应用[J]. 物探与化探, 36(S1): 102-106.

侯晓志. 2016. 二维地震法探测煤矿采区断层技术[J]. 辽宁工程技术大学学报(自然科学版), 35(10): 1041-1045.

侯征, 熊盛青, 杨进, 等. 2015. 人工蜂群算法的电震非线性联合反演研究[J]. 地球物理学进展, 30(6): 2666-2675.

侯征, 熊盛青, 杨进, 等. 2018. 基于人工蜂群算法的瑞雷波多阶模式非线性联合反演研究[J]. 地球物理学进展, 33(1): 362-371.

胡祖志, 何展翔, 杨文采, 等. 2015. 大地电磁的人工鱼群最优化约束反演[J]. 地球物理学报, 58(7): 2578-2587.

霍光谱, 胡祥云, 黄一凡, 等. 2015. 带地形的大地电磁各向异性二维模拟及实例对比分析[J]. 地球物理学报, 58(12): 4696-4708.

姜国庆, 程久龙, 孙晓云, 等. 2014. 全空间瞬变电磁全区视电阻率优化二分搜索算法[J]. 煤炭学报, 39(12): 2482-2488.

姜国庆, 徐士银, 金永念, 等. 2016. 薄覆盖隐伏断层电场响应特征研究——以废黄河断裂为例[J]. 地球物理学进展, 31(4): 1824-1833.

姜志海. 2008. 巷道掘进工作面瞬变电磁超前探测机理与技术研究[D]. 徐州: 中国矿业大学.

蒋宗霖, 田永华. 2015. 综合物探技术在陷落柱富水性评价中的应用[J]. 煤炭科学技术, 43(11): 139-142, 151.

金建铭. 1998. 电磁场有限元方法[M]. 西安: 西安电子科技大学出版社.

李帝铨, 底青云, 王光杰, 等. 2008. CSAMT 探测断层在北京新区规划中的应用[J]. 地球物理学进展, 23(6): 1963-1969.

李冬, 师素珍. 2017. 基于地震属性的煤层裂隙发育带识别方法[J]. 矿业科学学报, 2(5): 425-431.

李飞, 程久龙, 温来福, 等. 2018. 矿井瞬变电磁法电阻率偏低原因分析与校正方法[J]. 煤炭学报, 43(7): 1959-1964.

李飞, 程久龙, 温来福, 等. 2020a. 瞬变电磁场有限差分与数字滤波双模型三维正演方法[J]. 地球物理学进展, 35(3): 0963-0969.

李飞, 程久龙, 杨思通, 等. 2020b. 矿井 TEM 与地震联合反演导水陷落柱的试验研究[J]. 煤炭学报, 45(7): 2472-2481.

李飞, 张永超, 连会青, 等. 2020c. 掘进工作面直流电法超前探测技术问题探讨[J]. 煤炭科学技术, 48(12): 250-256.

李金刚, 李伟. 2021. 三维地震技术在布尔台煤矿四盘区中的勘探应用[J]. 煤炭科学技术, 49(S2): 247-251.

李金铭. 2005. 地电场与电法勘探[M]. 北京: 地质出版社.

李俊堂, 吴国庆, 牛跟彦. 2018. 密度大与规模小陷落柱工作面透射槽波探测应用[J]. 煤田地质与勘探, 46(S1): 46-49.

李凯, 孙怀凤. 2018. 矿井含水构造起伏井瞬变电磁响应规律分析[J]. 中国矿业大学学报, 47(5): 1113-1122.

李明星. 2019. 矿井瞬变电磁 PSO-DLS 组合算法反演研究[J]. 煤炭科学技术, 47(9): 268-272.

李貅. 2002. 瞬变电磁测深的理论与应用[M]. 西安: 陕西科学技术出版社.

李貅, 刘文韬, 智庆全, 等. 2015a. 核磁共振与瞬变电磁三维联合解释方法[J]. 地球物理学报, 58(8): 2730-2744.

李貅, 张莹莹, 卢绪山, 等. 2015b. 电性源瞬变电磁地空逆合成孔径成像[J]. 地球物理学报, 58(1): 277-288.

李学军. 1992. 煤矿井下定点源梯度法超前探测试验研究[J]. 煤田地质与勘探, 4: 59-63.

梁庆华, 宋劲. 2009. 矿井多波多分量地震勘探超前探测原理与实验研究[J]. 中南大学学报(自然科学版), 40(5): 1392-1398.

梁跃强. 2018. 基于地质数据挖掘和信息融合的煤与瓦斯突出预测方法[D]. 北京: 中国矿业大学.

林君. 2010. 核磁共振找水技术的研究现状与发展趋势[J]. 地球物理学进展, 25(2): 681-691.

林君, 嵇艳鞠, 王远, 等. 2013. 无人飞艇长导线源时域地空电磁勘探系统及其应用[J]. 地球物理学报, 56(11): 3640-3650.

林君, 赵越, 易晓峰, 等. 2018. 地下磁共振响应特征与超前探测[J]. 地球物理学报, 61(4): 1615-1627.

林婷婷, 林小雪, 杨卓静, 等. 2017. 地面磁共振与瞬变电磁横向约束联合反演方法研究[J]. 地球物理学报, 60(2): 833-842.

刘敦旺, 刘鸿福, 张新军. 2009. 活性炭测氡法在煤矿采空区探测中的应用[J]. 勘探地球物理进展, 32(3): 220-223, 156.

刘敦文, 古德生, 徐国元, 等. 2005. 采空区充填物探地雷达识别技术研究应用[J]. 北京科技大学学报, 27(1): 13-16.

刘国兴. 2005. 电法勘探原理与方法[M]. 北京: 地质出版社.

刘国勇, 杨明瑞, 王永刚. 2019. 高密度电法在煤矿积水采空区探测中的应用[J]. 矿业安全与环保, 46(5): 90-94.

刘盛东, 郭立全, 张平松. 2006. 巷道前方地质构造 MSP 法超前探测技术与应用研究[J]. 工程地球物理学报, 3(6): 437-442.

刘盛东, 刘静, 岳建华. 2014. 中国矿井物探技术发展现状和关键问题[J]. 煤炭学报, 39(1): 19-25.

刘志新, 刘树才, 等. 2016. 矿井地球物理勘探[M]. 徐州: 中国矿业大学出版社.

刘志新, 岳建华, 刘仰光. 2007. 扇形探测技术在超前探测中的应用研究[J]. 中国矿业大学学报, 36(6): 822-825.

刘志新, 刘树才, 于景邨. 2008. 综合矿井物探技术在探测陷落柱中的应用[J]. 物探与化探, 2: 212-215.

柳建新, 董孝忠, 郭荣文, 等. 2012. 大地电磁测深法勘探[M]. 北京: 科学出版社.

卢云飞, 薛国强, 邱卫忠, 等. 2017. SOTEM 研究及其在煤田采空区中的应用[J]. 物探与化探, 41(2): 354-359.

罗延钟, 万乐. 2006. 高密度电阻率法成像[J]. CT 理论与应用研究, 1: 61-65.

毛振西. 2013. 郭家山煤矿导水陷落柱综合探查技术[J]. 煤炭科学技术, 41(6): 111-113.

纳比吉安. 1992. 勘查地球物理电磁法(第一卷: 理论)[M]. 赵经祥, 王艳君, 译. 北京: 地质出版社.

潘冬明, 程久龙, 李德春, 等. 2010. 利用三维地震技术探测覆岩变形破坏研究[J]. 采矿与安全工程学报, 2(4): 590-594.

彭苏萍. 2020. 我国煤矿安全高效开采地质保障系统研究现状及展望[J]. 煤炭学报, 45(7): 2331-2345.

彭苏萍, 杜文凤, 赵伟, 等. 2008. 煤田三维地震综合解释技术在复杂地质条件下的应用[J]. 岩石力学与工程学报, 27(S1): 2760-2765.

彭苏萍, 凌标灿, 刘盛东. 2002. 综采放顶煤工作面地震 CT 探测技术应用[J]. 岩石力学与工程学报, 21(12): 1786-1790.

祁民, 张宝林, 梁光河, 等. 2006. 高分辨率预测地下复杂采空区的空间分布特征-高密度电法在山西阳泉某复杂采空区中的初步应用研究[J]. 地球物理学进展, 21(1): 256-262.

秦策, 王绪本, 赵宁. 2017. 基于二次场方法的并行三维大地电磁正反演研究[J]. 地球物理学报, 60(6): 2456-2468.

覃庆炎. 2014. 瞬变电磁法在积水采空区探测中的应用[J]. 煤炭科学技术, 8: 109-112.

任辰锋, 程久龙, 刘彬, 等. 2022. 基于可控源音频大地电磁法的陷落柱精细探测[J]. 煤矿安全, 53(7): 99-104, 110.

石学锋, 韩德品. 2012. 直流电阻率法在煤矿巷道超前探测中的应用[J]. 煤矿安全, 43(5): 104-107.

宋振骐, 郝建, 汤建泉, 等. 2013. 断层突水预测控制理论研究[J]. 煤炭学报, 38(9): 1511-1515.

孙怀凤, 李貅, 李术才, 等. 2013. 考虑关断时间的回线源激发 TEM 三维时域有限差分正演[J]. 地球物理学报, 56(3): 1049-1064.

孙振宇, 彭苏萍, 邹冠贵. 2017. 基于 SVM 算法的地震小断层自动识别[J]. 煤炭学报, 42(11): 2945-2952.

谭捍东, 余钦范, John B, 等. 2003. 大地电磁法三维交错采样有限差分数值模拟[J]. 地球物理学报, 5: 705-711.

汤井田, 周峰, 任政勇, 等. 2018. 复杂地下异常体的可控源电磁法积分方程正演[J]. 地球物理学报, 61(4): 1549-1562.

陶文朋, 董守华, 黄亚平, 等. 2008. 地震属性技术在探测断层和陷落柱中的应用[J]. 煤炭科学技术, 36(12): 79-81.

万玲, 林婷婷, 林君, 等. 2013. 基于自适应遗传算法的 MRS-TEM 联合反演方法研究[J]. 地球物理学报, 56(11): 3728-3740.

汪慎文, 丁立新, 谢承旺, 等. 2013. 应用精英反向学习策略的混合差分演化算法[J]. 武汉大学学报(理学版), 59(2): 111-116.

王健, 陈浩, 王秀明. 2016. 用于固体矿床多分量感应测井响应模拟的矢量有限元法[J]. 地球物理学报, 59(1): 355-367.

王军, 杨双安, 邢向荣. 2008. 用大地电磁频谱测量法探测煤矿区陷落柱[J]. 西安工程大学学报, 3: 385-389.

王俊茹, 张龙起, 宋雪琳. 2002. 浅层地震勘探在采空区勘测中的应用[J]. 物探与化探, 26(1): 75-78.

王猛, 刘国辉, 王大勇, 等. 2015. 瞬变电磁测深资料的 ABC 算法反演研究[J]. 地球物理学进展, 30(1): 133-139.

王鹏. 2017. 井-地瞬变电磁法浮动系数空间交汇与等效电流环反演方法研究[D]. 北京: 中国地质大学(北京).

王鹏, 程建远, 姚伟华, 等. 2019. 积水采空区地面-钻孔瞬变电磁探测技术[J]. 煤炭学报, 44(8): 2502-2508.

王鹏, 鲁晶津, 王信文. 2020. 再论巷道直流电法超前探测技术的有效性[J]. 煤炭科学技术, 48(12): 257-263.

王若, 王妙月, 底青云, 等. 2014. CSAMT 三维单分量有限元正演[J]. 地球物理学进展, 29(2): 839-845.

王天意, 侯征, 何元勋, 等. 2022. 基于改进差分进化算法的大地电磁反演[J]. 地球物理学进展, 37(4): 1605-1612.

王延涛, 潘瑞林. 2012. 微重力法在采空区勘查中的应用[J]. 物探与化探, 36(S1): 61-64.

王振荣, 程久龙, 宋立兵, 等. 2020. 地空时间域电磁系统在陕西神木地区煤矿采空区勘查中的应用[J]. 地球科学与环境学报, 428(6): 776-783.

卫红学, 查文锋, 冯春龙. 2014. 采空区上地震时间剖面的特征分析[J]. 地球物理学进展, 29(4): 1808-1814.

翁爱华, 刘云鹤, 贾定宇, 等. 2012. 地面可控源频率测深三维非线性共轭梯度反演[J]. 地球物理学报, 55(10): 3506-3515.

吴超凡, 刘盛东, 邱占林, 等. 2013. 矿井采空区积水网络并行电法探测技术[J]. 煤炭科学技术, 41(4): 93-95, 67.

武强. 2014. 我国矿井水防控与资源化利用的研究进展、问题和展望[J]. 煤炭学报, 39(5): 795-805.

武强, 金玉洁. 1995. 华北型煤田矿井防治水决策系统[M]. 北京: 煤炭工业出版社.

夏宇靖, 杨体仁, 杨战宁. 1992. 独头巷道超前探测的有效手段——瑞雷波勘探技术井下超前勘探试验结果评述[J]. 煤田地质与勘探, 20(5): 50-53.

谢浩. 2014. 基于 BP 神经网络及其优化算法的汽车车速预测[D]. 重庆: 重庆大学.

徐佩芬, 李传金, 凌甦群, 等. 2009. 利用微动勘察方法探测煤矿陷落柱[J]. 地球物理学报, 52(7): 1923-1930.

徐栓祥, 程久龙, 董毅, 等. 2019. 矿井瞬变电磁与红外测温联合超前探测方法与应用[J]. 中国矿业, 28(5): 136-139, 145.

徐志锋, 吴小平. 2010. 可控源电磁三维频率域有限元模拟[J]. 地球物理学报, 53(8): 1931-1939.

许进鹏, 桂辉. 2013. 构造型导水通道活化突水机理及防治技术[M]. 徐州: 中国矿业大学出版社.

薛国强, 常江浩, 雷康信, 等. 2021. 瞬变电磁法三维模拟计算研究进展[J]. 地球科学与环境学报, 43(3): 559-567.

薛云峰, 张继锋. 2011. 基于南水北调西线工程岩性特征的 CSAMT 法有限元三维数值模拟研究[J]. 地球物理学报, 54(8): 2160-2168.

闫长斌, 徐国元. 2005. 综合物探方法及其在复杂群采空区探测中的应用[J]. 湖南科技大学学报(自然科学版), 20(3): 10-14.

闫政文, 谭捍东, 彭淼, 等. 2020. 基于交叉梯度约束的重力、磁法和大地电磁三维联合反演[J]. 地球物理学报, 63(2): 736-752.

杨海燕, 岳建华. 2015. 矿井瞬变电磁法理论与技术研究[M]. 北京: 科学出版社.

杨海燕, 邓居智, 张华, 等. 2010. 矿井瞬变电磁法全空间视电阻率解释方法研究[J]. 地球物理学报, 53(3): 651-656.

杨建军, 申燕, 刘鸿福. 2008. 测氡法和瞬变电磁法在探测煤矿采空区的应用[J]. 物探与化探, 32(6): 661-664.

杨镜明. 2012. 高密度电阻率法煤田采空区勘察效果[J]. 物探与化探, 36(S1): 12-15.

杨茂林, 李伟. 2021. 三维勘探技术在补连塔煤矿的勘探应用[J]. 煤炭科学技术, 49(S2): 216-221.

杨思通, 程久龙. 2012. 煤巷小构造 Rayleigh 型槽波超前探测数值模拟[J]. 地球物理学报, 55(2): 655-662.

杨真. 2009. 基于 ISS 的薄煤层采空边界探测理论与试验研究[D]. 徐州: 中国矿业大学.

姚伟华, 王鹏, 李明星, 等. 2019. 地孔瞬变电磁法超前探测数值模拟响应特征[J]. 煤炭学报, 44(10): 3145-3153.

尹尚先, 武强, 王尚旭. 2005. 北方岩溶陷落柱的充水特征及水文地质模型[J]. 岩石力学与工程学报, 24(1): 77-82.

于景邨, 刘志新, 刘树才. 2007. 深部场突水构造矿井瞬变电磁法探查理论及应用[J]. 煤炭学报, 8: 818-821.

余传涛, 刘鸿福, 张新军. 2010. 测氡法用于隐伏断层探测的实验研究[J]. 勘探地球物理进展, 33(5): 332-335, 307.

袁伟, 李天亮, 李东北, 等. 2016. 音频大地电磁法在某灰岩地区煤炭资源勘查中探测岩溶和陷落柱的应用[J]. 物探化探计算技术, 38(6): 727-733.

岳建华, 刘树才, 刘志新, 等. 2003. 巷道直流电测深在探测陷落柱中的应用[J]. 中国矿业大学学报, 5: 13-15.

曾方禄, 王永胜, 张小鹤, 等. 1997. 矿井音频电透视及其应用[J]. 煤田地质与勘探, 25(6): 54-58.

曾昭发. 2010. 探地雷达原理与应用[M]. 北京: 电子工业出版社.

张东升, 张炜, 马立强, 等. 2016. 覆岩采动裂隙氡气探测研究进展及展望[J]. 中国矿业大学学报, 45(6): 1082-1097.

张杰. 2009. 地-井瞬变电磁异常特征分析及矢量交会解释方法研究[D]. 北京: 中国地质大学(北京).

张杰, 邓晓红, 谭捍东, 等. 2015. 地-井瞬变电磁资料矢量交会解释方法[J]. 物探与化探, 39(3): 572-579.

张平松, 刘盛东, 吴荣新. 2004. 地震波 CT 技术探测煤层上覆岩层破坏规律[J]. 岩石力学与工程学报, 23(15): 2510-2513.

张庆辉, 田忠斌, 林君, 等. 2019. 时域电性源地空电磁系统在煤炭采空积水区勘查中的应用[J]. 煤炭学报, 44(8): 2509-2515.

张旭, 杜晓娟, 苏超, 等. 2015. 辽源煤矿采空区重力异常解释研究[J]. 工程地球物理学报, 12(6): 755-759.

张永超, 李宏杰, 邱浩, 等. 2019. 矿井瞬变电磁法的时域矢量有限元三维正演[J]. 煤炭学报, 44(8): 2361-2368.

Allah S A, Mogi T, Ito H, et al. 2013. Three-dimensional resistivity characterization of a coastal area: Application of grounded electrical-source airborne transient electromagnetic (GREATEM) survey data from Kujukuri beach, Japan[J]. Journal of Applied Geophysics, 99: 1-11.

Barnett C T. 1984. Simple inversion of time-domain electromagnetic data[J]. Geophysics, 49(7): 925-933.

Bharti A K, Pal S K, Ranjan S K, et al. 2016. Coal mine cavity detection using electrical resistivity tomography-A joint inversion of multi array data[C]//Near Surface Geoscience 2016-22nd European Meeting of Environmental and Engineering Geophysics, Barcelona.

Bishop I, Styles P, Emsley S J, et al. 1997. The detection of cavities using the microgravity technique: Case histories from mining and karstic environments[J]. Modern Geophysics in Engineering Geology, Geological Society, Engineering Geology Special Publications, 12(1): 153-166.

Breitzke M, Dresen L, Csokas L, et al. 1987. Parameter estimation and fault detection by three-component seismic and geoelectric survey in coal mine[J]. Geophysical Prospecting, Geophysical Prospecting, 35(7): 832-863.

Chang J H, Yu J C, Su B Y. 2017. Numerical simulation and application of mine TEM detection in a hidden water-bearing coal mine collapse column[J]. Journal of Environmental and Engineering Geophysics, 22: 223-234.

Chen J, Hong H. 1992. Boundary Element Method[M]. Beijing: New World Press.

Chen W Y, Xue G Q, Muhammad Y K, et al. 2015. Application of short-offset TEM (SOTEM) technique in mapping water-enriched zones of coal stratum, an example from east China[J]. Pure and Applied Geophysics, 172: 1643-1651.

Cheng J L, Pan D M, Li D C. 2007. Detection of mining-induced fracturing in the overburden of a coal field in East China[J]. Journal of Seismic Exploration, 16: 363-371.

Cheng J L, Li F, Peng S P, et al. 2015. Joint inversion of TEM and DC in roadway advanced detection based on particle swarm optimization[J]. Journal of Applied Geophysics, 123: 30-35.

Colombo D, de Stefano M. 2007. Geophysical modeling via simultaneous joint inversion of seismic, gravity, and electromagnetic data: Application to prestack depth imaging[J]. The Leading Edge, 26 (3): 326-331.

Commer M, Newman G. 2004. A parallel finite difference approach for 3D transient electromagnetic modeling with galvanic sources[J]. Geophysics, 69 (5): 1192-1202.

Conejo-Martín M A, Herrero-Tejedor T R, Lapazaran J, et al. 2015. Characterization of cavities using the GPR, LIDAR and GNSS techniques[J]. Pure and Applied Geophysics, 172 (11): 3123-3137.

Das P, Mohanty P R. 2016. Resistivity imaging technique to delineate shallow subsurface cavities associated with old coal working: A numerical study[J]. Environmental Earth Sciences, 75 (8): 1-12.

Deceuster J, Delgranche J, Kaufmann O. 2006. 2D cross-borehole resistivity tomographies below foundations as a tool to design proper remedial actions in covered karst[J]. Journal of Applied Geophysics, 60 (1): 68-86.

Dobroka M, Gyulai A, Ormos T, et al. 1991. Joint inversion of seismic and geoelectric data recorded in an underground coal mine[J]. Geophysical Prospecting, 39: 643-665.

Dong Y, Cheng J L, Xue J J, et al. 2021. Research on pseudo-2D joint inversion of TEM and CSAMT based on well log constraint[J]. Journal of Environmental and Engineering Geophysics, 26 (1): 61-70.

Dong Y, Cheng J L, Xie H J, et al. 2022. Joint inversion and application of DC and full-domain TEM with particle swarm optimization[J]. Pure and Applied Geophysics, 179: 371-383.

Egbelt G D, Kelbert A. 2012. Computational recipes for eletromagnetic inverse problems[J]. Geophysical Journal International, 189 (1): 251-267.

Franjo S, Jasna O. 2018. Exploration of buried carbonate aquifers by the inverse and forward modelling of the controlled source audio-magnetotelluric data[J]. Journal of Applied Geophysics, 153: 47-63.

Fuller B N, Sterling J M. 2019. Method for processing borehole seismic data: United States, 9239399[P].

Galibert P Y, Valois R, Mendes M, et al. 2013. Seismic study of the low-permeability volume in southern France karst systems[J]. Geophysics, 79 (1): 1-13.

Gallardo L A, Meju M A. 2003. Characterization of heterogeneous near-surface materials by joint 2D inversion of dc resistivity and seismic data[J]. Geophysical Research Letters, 30 (13): 1-4.

Gallardo L A, Meju M A. 2004. Joint 2D resistivity and seismic inversion with cross-gradients criterion[J]. Journal of Geophysical Research Atmospheres, 109: 1-11.

Garg S, Patra K, Pal S K. 2014. Particle swarm optimization of a neural network model in a machining process[J]. Sadhana-Academy Proceedings in Engineering Sciences, 39 (3): 533-548.

Ge M, Wang H R, Hardy H R, et al. 2008. Void detection at an anthracite mine using an in-seam seismic method[J]. International Journal of Coal Geology, 73 (3): 201-212.

Haber E, Holtzman G M. 2013. Model fusion and joint inversion[J]. Surveys in Geophysics, 34 (5): 675-695.

Haber E, Ruthotto L. 2014. A multiscale finite volume method for Maxwell's equations at low frequencies[J]. Geophysical Journal International, 199 (2): 1268-1277.

Hamdani A H, Hamdiana D P, Ramadhan W A. 2013. Well log and seismic application in delineating CBM sweet spot in Berau Basin, East Kalimantan[C]//Padjadjaran International Physics Symposium, West Java.

Harkat H, Dosse S B, Slimani A. 2016. Time-frequency analysis of GPR signal for cavities detection application[C]// El Oualkadi A,

Choubani F, El Moussati A. Proceedings of the Mediterranean Conference on Information & Communication Technologies. Cham: Springer.

Hu M S, Pan D M, Zhou F B, et al. 2020. Multi-hole joint acquisition of a 3D-RVSP in a karst area: Case study in the Wulunshan Coal Field, China[J]. Applied Geophysics, 17(1): 37-53.

Huang G H, Xu Y Z, Yi X W, et al. 2020. Highly efficient iterative methods for solving linear equations of three-dimensional sphere discontinuous deformation analysis[J]. International Journal for Numerical and Analytical Methods in Geomechanics, 44(9): 1301-1314.

Jones F W, Price A T. 1971. Geomagnetic effects of sloping and shelving discontinuities of earth conductivity[J]. Geophysics, 36(1): 58-66.

Karaboga D. 2005. An idea based on honey bee swarm for numerical[R]. Kayseri: Türkiye Erciyes University Faculty, Computer Engineering Department.

Karaboga D, basturk B. 2008. On the performance of artificial bee colony (ABC) algorithm[J]. Applied Soft Computing, 8(1): 687-697.

Karaboga D, Ozturk C. 2011. A novel clustering approach: Artificial bee colony (ABC) algorithm[J]. Applied Soft Computing, 11(1): 652-657.

Kaufman A A, Keller G V. 1983. Frequency and Transient Sounding[M]. Amsterdam: Elsevier.

Kusumo A D, Sulistijo B, Notosiswoyo S. 2013. The conceptual method of crosswell seismic reflection for underground coal mine planning in Indonesia[J]. International Symposium on Earth Science and Technology, 6: 195-201.

Legchenko A, Ezersky M. 2009. Joint use of TEM and MRS methods in a complex geological geological setting[J]. Comptes Rendus Geoscience, 341(10-11): 908-917.

Li D, Peng S P, Lu Y X, et al. 2019. Seismic structure interpretation based on machine learning: A case study in coal mining[J]. Interpretation, 7(3): 1-44.

Li F, Cheng J L, Wen L F, et al. 2022. Mine roof water detection based on seismic-constrained TEM in Ordos Basin, China[J]. Pure and Applied Geophysics, 179: 3329-3340.

Li H, Bai H B, Wu J J, et al. 2017. A method for prevent water inrush from karst collapse column: A case study from Sima mine, China[J]. Environmental Earth Sciences, 76(14): 1-10.

Lichoro C M, Árnason K, Cumming W. 2017. Resistivity imaging of geothermal resources in northern Kenya rift by joint 1D inversion of MT and TEM data[J]. Geothermics, 68: 20-32.

Lin T, Zhou K, Yu S, et al. 2018. Exploring on the sensitivity changes of the LC resonance magnetic sensors affected by superposed ringing signals[J]. Sensors, 18(5): 1335.

Liu J X, Tang W W. 2012. An interpretation method of one-dimensional joint inversion based on TEM and CSAMT[C]//5th International Conference on Environmental and Engineering Geophysics (ICEEG), Changsha: 90-95.

Liu R T, Li W, Ma H S. 2011. Field investigation and surface detection techniques of abandoned coal mine goafs[C]//The 2nd ISRM International Young Scholor's Symposium on Roch Mechanics, Beijing: 27-30.

Mackie R L, Madden T R. 1993. Conjugate gradient relaxation solutions for three-dimensional magnetotelluric modeling[J]. Geophysics, 58: 1052-1057.

Madden T M, Mackie R L. 1989. Three-dimensional magnetotelluric modeling and inversion[J]. Proceedings of the IEEE, 77(2): 318-333.

Mahajan A K. 2018. Applications of two-dimensional seismic tomography for subsurface cavity and dissolution features detection under Doon valley, NW Himalaya[J]. Research Communications, 115(5): 962-970.

Majzoub A F, Stafford K W, Brown W A, et al. 2018. Characterization and delineation of gypsum karst geohazards using 2D electrical resistivity tomography in Culberson County, Texas, USA[J]. Journal of Environmental & Engineering Geophysics, 22(4): 411-420.

Martínez-Moreno F J, Galindo-Zaldívar J, Pedrera A, et al. 2015. Regional and residual anomaly separation in microgravity maps for cave detection: The case study of Gruta de las Maravillas (SW Spain) [J]. Journal of Applied Geophysics, 114: 1-11.

Metwaly M, Alfouzan F. 2013. Application of 2-D geoelectrical resistivity tomography for subsurface cavity detection in the eastern part of Saudi Arabia[J]. Geoscience Frontiers, 4 (4) : 469-476.

Moorkamp M, Heincke B, Jegen M, et al. 2010. A framework for 3-D joint inversion of MT, gravity and seismic refraction data[J]. Geophysical Journal International, 184 (1) : 477-493.

Nam M J, Kim H J, Song Y, et al. 2007. 3D magnetotelluric modelling including surface topography[J]. Geophysical Prospecting, 55 (2) : 277-287.

Newman G A, Hohmann G W. 1988. Transient electromagnetic responses of high-contrast prisms in a layered earth[J]. Geophysics, 53: 691-706.

Newman G A, Hohmann G W, Anderson W L. 1986. Transient electromagnetic response of a three-dimensional body in a layered earth[J]. Geophysics, 51: 1608-1627.

Ogunbo J N, Zhang J. 2014. Joint seismic traveltime and TEM inversion for near surface imaging[C]//SEG International Exposition and Annual Meeting, Denver: 2104-2108.

Park M K, Park S, Yi M J, et al. 2013. Application of electrical resistivity tomography (ERT) technique to detect underground cavities in a karst area of South Korea[J]. Environmental Earth Sciences, 71 (6) : 2797-2806.

Pueyo Anchuela Ó, Casas-Sainz A M, Soriano M A. 2009. Mapping subsurface karst features with GPR: Results and limitations[J]. Environmental Geology, 58 (2) : 391-399.

Qin Q M, Li B S, Ye X, et al. 2009. A study on recognition characterization of passive super low frequency electromagnetic exploring curves of goaf[C]//2009 IEEE International Geoscience and Remote Sensing Symposium, Cape Town, South Africa: II-373-II-375.

Ren Z Y, Kalscheuer T. 2020. Uncertainty and resolution analysis of 2D and 3D inversion models computed from geophysical electromagnetic data[J]. Surveys in Geophysics, 41: 47-112.

Reninger P A, Martelet G, Lasseur E, et al. 2014. Geological environment of karst within chalk using airborne time domain electromagnetic data cross-interpreted with boreholes[J]. Elsevier, 106: 173-186.

Sasaki Y. 2013. 3D inversion of marine CSEM and MT data: An approach to shallow-water problem[J]. Geophysics, 78: 59-65.

Simpson F, Bahr K. 2005. Practical Magnetotellurics[M]. Cambridge: Cambridge University Press.

Singh K K K, Kumar I, Singh U K. 2013. Interpretation of voids or buried pipes using ground penetrating radar modeling[J]. Journal of the Geological Society of India, 81 (3) : 397-404.

Styles P, Mcgrath R, Thomas E, et al. 2005. The use of microgravity for cavity characterization in karstic terrains[J]. Quarterly Journal of Engineering Geology and Hydrogeology, 38 (2) : 155-169.

Su B, Yu J, Sheng C. 2016. Borehole electromagnetic method for exploration of coal mining goaf[J]. Elektronika Ir Elektrotechnika, 22 (4) : 37-40.

Thitimakorn T, Kampananon N, Jongjaiwanichkit N, et al. 2016. Subsurface void detection under the road surface using ground penetrating radar (GPR) , a case study in the Bangkok metropolitan area, Thailand[J]. International Journal of Geo-Engineering, 7 (1) : 1-9.

Um Evan S, Harris J M, Alumbaugh D L. 2010. 3D time domain simulation of electromagnetic diffusion phenomena: A finite element electric field approach[J]. Geophysics, 75 (4) : F115-F126.

Veronica P, Michele D F, Maria D N, et al. 2018. Integrated geophysical survey in a sinkhole-prone area: Microgravity, electrical resistivity tomographies, and seismic noise measurements to delimit its extension[J]. Engineering Geology, 243: 282-293.

von Ketelhodt J K, Manzi M S D, Durrheim R J. 2019. Post-stack denoising of legacy reflection seismic data: Implications for coalbed methane exploration, Kalahari Karoo Basin, Botswana[J]. Exploration Geophysics, 50 (6) : 667-682.

Wang K P, Tan H D, Wang T. 2017. 2D joint inversion of CSAMT and magnetic data based on cross-gradient theory[J]. Applied Geophysics, 14: 279-290.

Wang P, Li M, Yao W, et al. 2020. Detection of abandoned water-filled mine tunnels using the downhole transient electromagnetic method[J]. Exploration Geophysics, 51 (6): 667-682.

Wang T, Hohmann G W. 1993. A finite difference time domain solution for three-dimensional electromagnetic modeling[J]. Geophysics, 58 (6): 797-809.

Wen L F, Cheng J L, Huang S H, et al. 2019a. Review of geophysical exploration on mined-out area and water abundance[J]. Journal of Environmental and Engineering Geophysics, 24 (1): 129-143.

Wen L F, Cheng J L, Li F, et al. 2019b. Global optimization of controlled source audio-frequency magnetotelluric data with an improved artificial bee colony algorithm[J]. Journal of Applied Geophysics, 170: 103845.

Wen L F, Cheng J L, Yang S T, et al. 2023. Seismic structure-constrained inversion of CSAMT data for detecting karst caves[J]. Exploration Geophysics, 54 (1): 55-67.

Wu X, Zeng H, Di H, et al. 2019. Introduction to special section: Seismic geometric attributes[J]. Interpretation, 7 (2): 1-2.

Xue G Q, Yan Y J, Cheng J L. 2011. Researches on detection of 3-D underground cave based on TEM technique[J]. Environmental Earth Sciences, 64 (2): 425-430.

Xue Y G, Li S C, Su M X, et al. 2013. Response and test of whole space transient electromagnetic field in mine goaf water[J]. Applied Mechanics and Materials, 353: 1136-1139.

Yancey D J, Imhof M G, Gresham T. 2005. Geophysical mine void detection using in-seam seismics[J]. SEG Technical Program Expanded Abstracts, 24 (1): 1022-1025.

Yang S T, Wei J C, Cheng J L, et al. 2016. Numerical simulations of full-wave fields and analysis of channel wave characteristics in 3-D coal mine roadway models[J]. Applied Geophysics, 13 (4): 621-630, 737.

Yee K S. 1966. Numerical solution of initial boundary value problems involving Maxwell equations in isotropic media[J]. IEEE Transations on Antennas and Propagation, 14 (3): 302-307.

Youssef M, Ahmed E K, Yasser A Z. 2012. Integration of remote sensing and electrical resistivity methods in sinkhole investigation in Saudi Arabia[J]. Journal of Applied Geophysics, 87: 28-39.